U0157466

高机动能力旋翼无人飞行器
设计与控制

马 磊 黄德青 李斌斌 著

科学出版社

北 京

内 容 简 介

多旋翼无人飞行器技术发展迅速,应用广泛,在生产和生活中发挥着日益重要的作用。传统旋翼无人飞行器具有欠驱动特性,其平移和旋转运动存在强耦合,限制了飞行器的机动性能;在高机动能力、高容错和抗扰能力要求的应用场合,非平面配置的多旋翼无人飞行器正获得越来越多的重视。本书从多种新形态旋翼无人飞行器的结构特点入手,阐述其运动和动力学建模、可控性评估、控制率分配和控制策略设计,由物理概念拓展到较深入的非线性系统分析和控制理论,全书由浅入深、循序渐进,便于读者理解。

本书可作为自动化、机器人、机电一体化等领域高年级本科生、研究生和青年科技工作者的教学参考书或工具书。

图书在版编目 (CIP) 数据

高机动能力旋翼无人飞行器设计与控制/马磊, 黄德青, 李斌斌著.—北京:科学出版社,2024.3 (2024.12 重印)

ISBN 978-7-03-078173-4

I. ①高⋯ II. ①马⋯ ②黄⋯ ③李⋯ III. ①旋翼机−无人驾驶飞行器−设计 ②旋翼机−无人驾驶飞行器−飞行控制 IV. ①V47

中国国家版本馆 CIP 数据核字(2024)第 050734 号

责任编辑:华宗琪 / 责任校对:彭 映
责任印制:罗 科 / 封面设计:义和文创

科学出版社 出版

北京东黄城根北街 16 号
邮政编码:100717
http://www.sciencep.com

成都锦瑞印刷有限责任公司 印刷
科学出版社发行 各地新华书店经销

*

2024 年 3 月第 一 版 开本:720×1000 B5
2024 年 12 月第二次印刷 印张:10 1/4
字数:207 000

定价:119.00 元
(如有印装质量问题,我社负责调换)

前　　言

多旋翼无人飞行器作为一个发展日益广泛的无人飞行器领域分支,为工业生产与人民生活带来了极大的便利,特别是在影视航拍、快递运送、基础设施巡检、搜索救援以及工业维修等领域发挥着日益重要的作用。欠驱动旋翼无人飞行器由于平移运动和横滚/俯仰运动存在强耦合,限制了飞行器的机动性能,进而造成其应用的局限性。

在传统旋翼无人飞行器面临机动能力和抗扰能力受限、便捷性和安全性矛盾亟待解决的形势下,研究和推广新形态旋翼无人飞行器,通过先进的规划、控制和优化技术提升其机动性、容错能力和可靠性等性能指标,具有突出的必要性和紧迫性。近年来,作者团队致力于新形态旋翼无人飞行器的结构创新及其规划、控制和优化等方面的工作,取得了一些成果,本书是对这些成果的阶段性总结和对未来研究方向的展望。

平面结构,即旋翼布置在同一个平面上的无人飞行器,由于其结构简单、成本低廉,是目前大部分产品采用的主流结构。但对于高机动能力、高容错和抗扰能力要求的应用场合,非共面配置的多旋翼无人飞行器正获得越来越多的重视。目前国内关于多旋翼无人飞行器的图书还很少,且现有图书多集中于四旋翼、嵌入式飞控等专题。国外出版情况也类似,少见关于非平面多旋翼无人飞行器的系统性图书。本书介绍的模块化旋翼飞行器、矢量旋翼飞行器、非平面八旋翼飞行器和同步倾斜转子六旋翼飞行器等,均是作者团队近年的新发明;鲁棒和学习跟踪控制、基于仿生学的"顺势而为"避障策略等,是团队的独创和该方向最新研究成果的体现。因此,本书可望填补国内外该领域的空白。

本书为避免刻板地论述动力学建模和控制等较为艰深的理论,通过具体案例阐述有关规划、控制和优化方法,作为控制理论类课程的参考书,有利于读者理解和掌握。在内容选取方面,本书从多种新形态旋翼无人飞行器的结构特点入手,阐述其运动学和动力学建模、可控性评估、控制率分配和控制策略设计,由物理概念拓展到较深入的非线性系统分析和控制理论。本书由浅入深、循序渐进,便于读者理解,有利于培养其系统思维和设计思维。

本书的内容安排如下:

第 1 章为绪论，主要介绍本书的研究背景及意义，同时将相关研究成果进行总结和分析，得到目前多旋翼飞行器研究所面临的难点及需要解决的问题，并进一步介绍本书的研究内容及技术路线。

第 2 章介绍多旋翼飞行器系统组成及运动机理；提出一种基于力矩可达集的多旋翼飞行器可控性评估方法，就共面配置多旋翼飞行器和非共面配置多旋翼飞行器的可控性及转子失效后剩余转子的可重构能力进行具体分析，为后续章节新型多旋翼飞行器的优化设计提供理论依据。

第 3 章介绍一种具备陆空两栖运动能力的矢量四旋翼飞行器，详细分析其倾转悬停、轨迹跟踪及地面行驶三种新功能的运动机理；针对倾转悬停这种大角度机动动作，设计具备全局稳定性的姿态控制器；为了发挥矢量飞行的优势，设计一种能够保持机体姿态水平的位置跟踪策略，减少飞行器平移运动过程中的能量损耗。

第 4 章介绍一种基于双自由度倾转模组、能够灵活组装的多旋翼飞行器；研究不同的多模组拓扑结构对飞行器机动性及容错性的影响；详细介绍一种新型的全向飞行器的设计方案；最后提出一种可以应用于多种飞行平台的通用控制框架。

第 5 章介绍一种微型过驱动八旋翼飞行器，详细介绍转子数量及倾转角的优化方法，以及飞行器样机优化设计、姿态控制策略和最优位姿规划策略；为了帮助飞行器应对空中的随机碰撞，提出一种"顺势而为"的碰撞恢复策略，保证飞行器在被任意方向的不明飞行物碰撞后都能恢复到安全姿态；就所提出的"顺势而为"的碰撞恢复策略，在所述八旋翼飞行器样机上进行实验；同时，针对过驱动多旋翼飞行器执行设备巡检场景，提出一种六维 (six dimension, 6D) 全位姿轨迹生成算法；最后，通过对比实验和飞行实验验证所提出算法的可行性。

第 6 章介绍一种同步倾斜转子六旋翼飞行器，详细介绍倾转结构设计方案；提出适用于不同转子配置下的 6D 轨迹跟踪控制算法；对不同倾转角下飞行器的推力可达集进行建模分析。

第 7 章对本书工作进行总结，分析本书工作的贡献及不足；基于作者的认识和研究，对本书研究在未来可继续优化的工作进行展望。

本书是西南交通大学系统科学与技术研究所无人飞行器研究小组成果的总结，主要由马磊、李斌斌撰写，黄德青参与了第 1、2、5 章内容的撰写，张凯和刘坤对第 3 章和第 5 章、周辉对第 6 章的内容分别做出了重要贡献，王斯佳、汪铎等对各部分实验的设计、实施和整理也做了很多工作。本书的工作得到了国家自然科学基金委员会-中国工程物理研究院联合基金（简称 NSAF 联合基金）、四川省科技计划和中国航天科工集团有限公司、西南交通大学研究生教材（专著）经费建设项目专项 (SWJTU-ZZ2022-018) 的资助，在此表示衷心的感谢。

限于作者水平，书中难免存在疏漏和不足之处，恳请读者批评指正。

目　　录

第 1 章　绪论 ·· 1

　1.1　研究背景及意义 ·· 1

　　1.1.1　研究背景 ·· 1

　　1.1.2　研究意义 ·· 2

　1.2　国内外研究现状 ·· 3

　　1.2.1　过驱动多旋翼飞行器优化设计 ·· 4

　　1.2.2　飞行器姿态描述方法 ·· 11

　　1.2.3　多旋翼飞行器控制策略 ·· 12

　　1.2.4　多旋翼飞行器轨迹规划策略 ·· 16

　1.3　研究内容及方法 ·· 18

第 2 章　多旋翼飞行器可控性评估 ··· 22

　2.1　引言 ·· 22

　2.2　多旋翼飞行器系统组成及运动机理 ·· 23

　　2.2.1　系统组成 ·· 23

　　2.2.2　运动机理 ·· 27

　　2.2.3　动力学建模 ·· 29

　2.3　多旋翼飞行器可控性分析 ·· 30

　　2.3.1　转子旋转方向的影响 ·· 33

　　2.3.2　机臂旋转的影响 ·· 34

　　2.3.3　机臂倾斜的影响 ·· 35

　2.4　多旋翼飞行器结构容错性分析 ·· 38

　　2.4.1　共面配置结构的容错性 ·· 38

　　2.4.2　非共面配置结构的容错性 ·· 41

　2.5　本章小结 ·· 44

第 3 章　大角度机动矢量四旋翼飞行器及其 5D 轨迹跟踪控制 ·························· 45

　3.1　引言 ·· 45

3.2　结构设计与运动机理分析 ······················· 46
　3.2.1　结构设计 ······························· 46
　3.2.2　运动模式分析 ··························· 48
　3.2.3　可控性分析 ··························· 51
3.3　控制器设计 ······························· 52
　3.3.1　动力学模型 ··························· 52
　3.3.2　非线性模型预测控制 ··················· 54
　3.3.3　控制分配 ··························· 57
3.4　实验验证 ······························· 58
　3.4.1　样机制作 ··························· 58
　3.4.2　倾转悬停测试 ··························· 59
　3.4.3　轨迹跟踪测试 ··························· 61
　3.4.4　地面行驶测试 ··························· 63
3.5　本章小结 ······························· 64
第 4 章　模块化可重构多旋翼飞行器及其 6D 轨迹跟踪控制 ·· 66
4.1　引言 ······························· 66
4.2　结构设计 ······························· 68
　4.2.1　双自由度倾转模组设计 ················· 68
　4.2.2　拓扑结构分析 ··························· 70
4.3　动力学模型 ······························· 77
　4.3.1　双自由度倾转模组 ··················· 77
　4.3.2　多旋翼飞行器动力学几何描述 ············· 79
4.4　控制器设计 ······························· 80
4.5　仿真测试 ······························· 83
　4.5.1　双旋翼飞行器 ··························· 83
　4.5.2　过驱动四旋翼飞行器 ··················· 84
　4.5.3　全向飞行器 ··························· 84
4.6　实验验证 ······························· 86
　4.6.1　样机实现 ··························· 86
　4.6.2　双自由度倾转模组测试 ················· 86
　4.6.3　悬停测试 ··························· 87
　4.6.4　全向运动测试 ··························· 89

4.7 本章小结 ·· 90

第 5 章 微型过驱动八旋翼飞行器碰撞恢复控制及其最优轨迹 ········· 91

5.1 引言 ·· 91

5.2 结构设计与运动机理分析 ······························· 92

5.2.1 样机优化设计 ······································ 93

5.2.2 动力学模型 ·· 99

5.3 控制器框架 ··· 99

5.3.1 姿态控制策略 ······································ 100

5.3.2 外部力矩估计 ······································ 102

5.4 "顺势而为"仿生三维碰撞恢复策略 ····················· 102

5.4.1 碰撞恢复策略描述 ·································· 102

5.4.2 "顺势而为"轨迹生成 ······························ 104

5.4.3 实验验证 ·· 107

5.5 最优时间 6D 轨迹生成算法 ····························· 113

5.5.1 空间域轨迹生成 ···································· 113

5.5.2 时间域轨迹生成 ···································· 114

5.5.3 数值求解 ·· 116

5.5.4 实验验证 ·· 118

5.6 本章小结 ··· 123

第 6 章 新型同步倾斜转子六旋翼飞行器的设计与控制 ············· 124

6.1 引言 ·· 124

6.2 机械结构设计 ··· 125

6.3 系统建模与分析 ··· 127

6.3.1 动力学模型 ·· 127

6.3.2 飞行器分析与讨论 ·································· 129

6.3.3 双锥可达集 ·· 130

6.4 全姿态几何控制 ··· 131

6.4.1 位置控制 ·· 132

6.4.2 姿态控制 ·· 133

6.4.3 控制分配 ·· 135

6.5 仿真测试 ··· 135

6.5.1 倾转悬停仿真实验 ·································· 135

6.5.2　轨迹跟踪仿真实验 ·· 136

6.6　实验验证 ·· 136

6.6.1　样机制作 ··· 136

6.6.2　定点姿态倾斜实验 ·· 137

6.6.3　6D 轨迹跟踪实验 ·· 137

6.7　本章小结 ·· 140

第 7 章　结论与展望 ·· 141

参考文献 ·· 143

第 1 章 绪 论

1.1 研究背景及意义

1.1.1 研究背景

多旋翼飞行器是无人飞行器领域中的一个重要分支,广泛地使用在农业生产、电力巡检、通信中继、气象观测、农业植保、影视航拍、执法取证、搜索救援、快递运送等领域[1-6]。

近年来,随着微电子、人工智能、智能制造等技术的进步,无人飞行器行业也得到快速发展。中国是无人飞行器行业研发和应用的重要市场,2020 年无人飞行器实名登记超过 51 万架。在中国无人飞行器应用中,民用无人飞行器占比超过 60%[7]。民用无人飞行器包括工业用无人飞行器和消费级无人飞行器,2019 年工业用无人飞行器占民用无人飞行器市场规模的 45.61%,并且此后继续扩大。中国无人飞行器已经从稳步发展阶段(1980~2012 年)转向高速发展阶段(2013 年至今),其中技术积累也从跟随模仿转向技术引领。在未来,开发出更加智能、安全可靠以及能满足更多应用场景的飞行平台是无人飞行器发展的必由之路。

相比于固定翼无人飞行器,多旋翼无人飞行器结构简单、操作方便,而且具备定点悬停的功能,极大地降低了对起飞场地的要求,可以很方便地被携带到工作区域执行任务。多旋翼飞行器的飞行要求满足安全、稳定、经济等重要指标,精准控制、安全避障是其基本特征。无人飞行器应用的不断深入,给飞行器的机动性能及安全可靠性提出了更高的要求。标准多旋翼飞行器单一的运动模式已经不能满足一些特殊场景的需求,具备多种运动模式的高机动飞行平台是提高生产力的有效手段[8]。因此,具备新型功能的高机动多旋翼无人飞行器的研究迫在眉睫。

随着多旋翼飞行器应用范围的不断扩大,飞行器所面临的环境也更加复杂。为了能够实时、高速地检测飞行器周围的障碍物,高速相机、红外传感器、雷达等应用到飞行器上。在三维空间中要实现更加安全地飞行,需要在飞行器的六个面上都配置高精度传感器[9, 10],这使得飞行器需要搭载的传感器数量非常多,不仅增加了起飞重量,高能耗的传感器也增加了飞行器的能量消耗。然而,在面对飞鸟及其他不明飞行物时,现有的方法也不能完全保证飞行器的安全[11]。为此,研究容错能力强、响应速度快的高机动飞行器对提升飞行器的安全性是极其必要的。

1.1.2 研究意义

本书针对多旋翼飞行器目前存在的机动性和安全性等主要问题展开研究,研究意义可以归纳为以下四个方面:

(1) 多旋翼飞行器可以大致划分为三大类,即标准多旋翼飞行器、倾转矢量多旋翼飞行器和转子非共面配置多旋翼飞行器。多旋翼飞行器的飞行动力取决于转子的数量和安装拓扑。标准多旋翼飞行器所有的转子均匀分布在一个平面上,因其结构简单、维护方便而被大量使用。倾转矢量多旋翼飞行器和转子非共面配置多旋翼飞行器转子固定位置可能是平面的,也可能是三维的,具备更加灵活的控制和机动能力。因此,为了增强标准多旋翼飞行器的容错、抗风等性能,通常会采取倾转结构或者转子非共面配置的思路来对标准多旋翼飞行器的结构进行优化。不同的机体构造结构和转子配置方案,不仅会影响飞行器的载荷、续航能力,而且决定了飞行器的容错能力。因此,研究一种标准统一的多旋翼飞行器的可控性评估方法,对于优化多旋翼飞行器结构的容错能力、合理选择符合实际任务需求的飞行平台有重要意义。

(2) 标准结构的多旋翼飞行器是一个欠驱动系统,位置控制与姿态控制相互耦合。这种固有的结构限制使得机载传感器姿态的独立调节必须依赖云台。过驱动飞行器是指飞行器的姿态和位置能够独立控制的一类飞行器,飞行器的旋转动力学性能和平移动力学性能是相互解耦的。过驱动飞行器的特点是能够独立地输出六个自由度的推力和力矩,彼此之间不会影响。因此,相比于标准多旋翼飞行器,过驱动飞行器的抗干扰能力更强,容错能力也更强。研究过驱动飞行器对提升多旋翼飞行器的机动能力,实现飞行器更加灵活的控制具有重要意义。

(3) 旋翼飞行器工作的场景是复杂的三维空间,面临不明飞行物体碰撞的风险,也可能碰撞到空间中的障碍物。通常,旋翼飞行器自身装备了机载计算机系统和传感系统(雷达、摄像头),可以检测到比较大的障碍物,如墙壁、行人等,但是很难有效避开线缆等细小的障碍物与飞鸟等高速运动的障碍物。因此,研究旋翼机器人的碰撞恢复策略以及应对三维空间任意方向冲击的控制策略,对提升多旋翼飞行器在未知环境及非结构环境中的安全性有重要意义。

(4) 多旋翼飞行器传统的姿态控制策略中,采用欧拉角对飞行器的旋转进行参数化,用分离的目标角分别控制飞行器的偏航、横滚、俯仰三个旋转自由度,使无人飞行器旋转线性化。这种方法忽略了刚体旋转的流形结构。三维空间属于特殊正交群 SO(3),当多旋翼飞行器在三维空间旋转时,飞行器实际上是在 SO(3) 上从一个点移动到另一个点。SO(3) 上的所有运动都必须考虑流形结构作为速度约束,平滑的运动轨迹是最优的。然而,偏航、横滚、俯仰角的单独控制仅是 SO(3) 的局部近似,导致旋转轨迹非光滑。近年来对多旋翼飞行器的应用水平要求越来越高,尤其是一些具备大角度机动能力的飞行器被研究出来,采用这种方法已经不能满足实际需求。因此,研究飞行器在 SO(3) 空间中的全局描述模型,实现飞行器在 SO(3) 空间上的全局稳定控制,对实现飞行器大角度机动能力有重要意义。

1.2 国内外研究现状

多旋翼飞行器的发展,最早可以追溯到 1408 年,达·芬奇在他的一份手稿中完整地描述了多旋翼飞行器的概念[12],如图1.1(a) 所示。需要指出的是,在达·芬奇构造多旋翼飞行器的概念之前,中国已经出现了竹蜻蜓[13],如图1.1(b) 所示。现代多旋翼飞行器的飞行原理与竹蜻蜓的飞行原理是一样的,高速旋转的螺旋桨在旋转过程中切割空气,桨叶的特殊形状,会使得螺旋桨桨叶上侧的空气流速大于桨叶下侧的空气流速,这样就会形成一个压力差,产生垂直向上的推力。

(a)达·芬奇设计的概念多旋翼飞行器　　　　　　(b)竹蜻蜓

图 1.1　多旋翼飞行器的萌芽概念

1907 年 9 月 29 日,第一架实现垂直起降的多旋翼飞行器在查尔斯·里歇 (Charles Richet) 教授的带领下,由布雷盖 (Breguet) 兄弟成功试飞。这架名为布雷盖-里奇特旋翼机一号的飞行器只能通过驾驶员调控油门来控制,只有一个运动自由度。但是这架飞行器给世人展示了一种全新的飞行平台,尤其对军队产生了极大的吸引力。因此,在美国军方的支持下,飞行器设计师乔治·波札特 (George de Bothezat) 于 1922 年 12 月 18 日成功试飞了名为波札特直升机的四旋翼飞行器。这架飞行器是第一架人类实现完全可控的多旋翼飞行器,因此也被爱迪生称为"第一架成功的直升机飞行器"。1921 年 2 月 18 日,法国飞行器设计师艾蒂安·奥米西恩 (Étienne Oehmichen) 也成功试飞了奥米西恩飞行器。

由于旋翼飞行器在垂直起降以及定点悬停方面的突出特点,在之后的一段时间内,科学家为了实现多旋翼飞行器的载人以及大负载应用而努力。比较有代表性的有:1956 年试飞成功的转换翼模型 A (Convertawings Model A) 四旋翼飞行器,最大能够以 4.9t 的负载达到 278km/h 的飞行速度[14],如图1.2(a) 所示;1958 年试飞成功的四旋翼飞行器 VZ-7[15],相比于转换翼模型 A (Convertawings Model A),在操控性以及机动能力方面有了大幅度进步,如图1.2(b) 所示。但是这段时间自转旋翼机和单旋翼直升机的研究取得巨大进步,已经能逐渐满足军方的实际应用,所以关于大载荷多旋翼飞行器的研究及开发工作一度进入发展缓慢的时期。

(a)Convertawings Model A四旋翼飞行器　　　　　　　　(b)VZ-7四旋翼飞行器

图 1.2　多旋翼飞行器初期研究成果

随着微机电传感器、控制技术、材料技术、智能制造等技术的发展,多旋翼飞行器小型化制造成为可能,应用前景也逐渐明朗,因此小型多旋翼无人飞行器逐渐得到研究者的青睐,众多研究机构也开始了小型多旋翼飞行器安全飞行技术、智能导航、编队控制等新技术的开发。

本节分别从新型过驱动多旋翼飞行器和多旋翼飞行器的控制技术两个方面介绍多旋翼飞行器的研究现状及未来发展方向。

1.2.1　过驱动多旋翼飞行器优化设计

组成多旋翼的所有转子都固定在同一个平面上,所有转子提供的推力相互之间是平行的,将这种配置结构的多旋翼飞行器称为标准多旋翼飞行器。目前多旋翼主流的应用方案,如大疆 M200[16]、极飞植保无人飞行器 M200K[17]、亿航载人无人飞行器[18] 等都属于标准多旋翼飞行器配置结构。标准的多旋翼飞行器因其结构简单、维护方便,得到广泛使用。目前对标准多旋翼机体的研究主要集中在优化机体结构,来实现更长的续航时间和更稳定的控制效果。标准的多旋翼飞行器是一种欠驱动系统,平移运动与旋转运动是耦合的[19]。为了弥补标准多旋翼飞行器这种固有的不足,常常搭配云台来使用,用于调整所搭载传感设备的视角[20]。

标准多旋翼的欠驱动特性影响了其在更广阔领域的进一步应用,如物理交互、高空操控等。为此,开发全驱动或者过驱动的多旋翼飞行器在提升多旋翼飞行器飞行安全、物理交互应用以及大角度机动性能等方面有着重要的作用[21]。过驱动多旋翼飞行器的主要特征在于组成多旋翼的转子能够产生 3 个方向独立可控的推力 $\boldsymbol{F}\,(\in \mathbb{R}^3)$ 和 3 个独立控制的力矩 $\boldsymbol{M}\,(\in \mathbb{R}^3)$。转子的数量 N 以及转子的空间分布位置决定了控制分配矩阵 $\boldsymbol{B}\,(\in \mathbb{R}^{6 \times N})$。通过设计控制分配策略就可以将转子产生的推力向量 $\boldsymbol{\Lambda} \in \mathbb{R}^N$ 映射到控制推力 $\boldsymbol{F}$ 和力矩 $\boldsymbol{M}$ 上,即 $[\boldsymbol{F}^{\mathrm{T}}, \boldsymbol{M}^{\mathrm{T}}]^{\mathrm{T}} = \boldsymbol{B}\boldsymbol{\Lambda}$。

过驱动多旋翼满足 $\mathrm{rank}(\boldsymbol{B}) = 6$。控制分配矩阵满秩,意味着飞行器能够独立产生 6 个自由度的推力和力矩。目前,设计过驱动多旋翼飞行器主要有两个思路:①倾转结构方案,利用附加的伺服舵机来改变转子产生的推力的方向,使之变成矢量推力来驱动多旋翼的运动;②转子非共面配置方案,每个转子的朝向以及固定位置相对机体是固定的,但是每个转子有个特定的朝向。不同的设计方案会导致控制分配矩阵 $\boldsymbol{B}$ 不同,对于倾转结构,控制分配矩阵 $\boldsymbol{B}(\alpha, \beta)$ 中含有未知的倾转角;对于固定转子非共面配置方案,控制分配矩阵 $\boldsymbol{B}$ 中所有的量都是常数。因此,设计过驱动多旋翼飞行器的过程,就是优化控制分配矩阵 $\boldsymbol{B}$ 的过程。

1. 倾转结构多旋翼

使用倾转结构的过驱动多旋翼飞行器是通过伺服舵机来给转子增加一个或者两个额外的自由度,来产生水平方向的分力[22-28]。文献 [23] 通过在机臂末端固定一个和轴平行旋转的伺服舵机来驱动转子绕机臂轴旋转,旋转角度为 $\alpha_i, i = 1, 2, 3, 4$,如图1.3(a) 所示。四个这种配置的机臂均匀分布在机身周围,组成了一个过驱动的四旋翼飞行器,具备在三维空间中跟踪任意轨迹的能力。为了发挥过驱动飞行器的特性,基于反馈线性化算法设计了轨迹跟踪策略,用于飞行器的姿态控制和轨迹跟踪。控制分配矩阵 $\boldsymbol{B}(\alpha)$ 中含有变量 α,因此四个具备单子自由度的转子就可以组成一个过驱动的多旋翼飞行器。

文献 [23] 提出的过驱动多旋翼模型,理论上能够产生任意方向的推力和力矩,但是当飞行器的机体绕任意轴旋转 $90°$ 以后,飞行器的机体姿态控制将会变得非常困难,飞行器的可控性将会急速下降。文献 [24] 利用单个舵机和蜗杆传动来改变转子方向,并产生水平方向的分力,如图1.3(b) 所示。为了保证飞行器在绕机体轴线旋转过程中,飞行器都能保持较高的可控度,文献 [25] 提出了一种 6 个倾斜转子的过驱动多旋翼模型,如图1.3(c) 所示。在机臂的末端固定一个同机臂轴平行旋转的伺服舵机来调整转子推力的方向,其控制分配矩阵 $\boldsymbol{B}(\alpha) \in \mathbb{R}^{6 \times 6}$ 也是满秩的。6 个转子飞行器的可控性和容错性都比 4 个转子的飞行器高。特别地，文献 [25] 设计的倾转六旋翼飞行器在空中实现了 360° 的全向旋转机动动作。此类飞行器也称为全向飞行器。全向飞行器在封闭空间内部巡检以及高空接触检测方面，都具备特殊的优势。

(a)倾转四旋翼飞行器[23]

(b)倾转六旋翼飞行器FAST-Hex[24]

(c)倾转六旋翼飞行器Voliro[25]

(d)倾转全向飞行器OMAV[26]

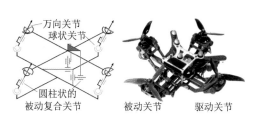

(e)过驱动矢量四旋翼飞行器TiltDrone[28]

(f)新型矢量共轴八旋翼飞行器Skygauge[29]

图 1.3 倾转结构组成的过驱动多旋翼飞行器

文献 [26] 和 [27] 介绍了一种共轴配置的过驱动矢量多旋翼飞行器，如图1.3(d) 所示。所述飞行器每两个转子为一组，采用同轴安装的方式，上侧的转子和下侧的转子反向旋转，用于抵消转子旋转产生的反转力矩。上下两个螺旋桨的配置方案也使得单位面积能输出更多的推力，适用于对载重要求比较高的场合。此飞行

器的控制分配矩阵 $B(\alpha) \in \mathbb{R}^{6 \times 6}$ 也存在关于 α 的变量。文献 [26] 进一步介绍并验证了全驱动空中操纵平台的主动交互力控制和规划，目标是实现非结构化环境中的空中接触检查。同时，文献 [26] 提出了一种可变轴选择性阻抗控制，使用来自板载力传感器的反馈信息来实现直接力控制。所述的过驱动多旋翼系统在混凝土基础设施无损检测方面展示了良好的效果。

文献 [23]、[26] 和 [27] 中控制转子旋转的舵机的旋转方向与机臂的轴线是同向的，这样每个转子推力的方向被改变后，能同时影响偏航力矩、横滚力矩和俯仰力矩。这使得控制分配策略在计算期望的转子输入时，可行解不是唯一的，优化计算结果是一个非常复杂的过程。文献 [28] 提出了一种新型的过驱动矢量四旋翼飞行器设计方案，如图1.3(e) 所示。每个转子固定在一个球-柱复合关节上，固定对角转子的关节通过连杆连接，然后分别使用两个线性伺服舵机驱动连杆做往复运动，即可实现转子推力的倾转。该工作也证明要实现过驱动的配置方案，至少需要 6 个致动器。在实验测试中，此四旋翼在操作中显示能够保持 30° 倾斜的静止悬停，并可以通过推力矢量跟踪位置命令。需要注意的是，并不是满足 6 个致动器的要求，飞行器就是过驱动配置，这与转子的固定位置和伺服舵机的驱动方向是有关的。文献 [22] 所描述的矢量四旋翼飞行器也是由四个转子和两个伺服舵机组成的，但是转子采用的是 H 型布局方式，相邻两个转子固定在同一根旋转轴上，所述旋转轴被一个同轴安装的伺服舵机驱动旋转。这种配置结构的多旋翼飞行器只在舵机旋转方向实现了位置控制和姿态控制的解耦，因此在三维空间中只能实现五维 (five dimension,5D) 轨迹跟踪。

为了解决石油、天然气运输管道检测问题，加拿大高空测量机器人 (Skygauge Robotics) 公司开发了一款新型矢量共轴八旋翼飞行器[29]，如图1.3(f) 所示。该矢量共轴八旋翼飞行器采用共轴双转子配置方案，能够在有限的空间内提供最大的推力。同时，每组转子模块有两个倾转自由度 (α_i, β_i)，能够产生任意方向可控的推力。对于此矢量飞行器，控制分配矩阵 $B(\alpha, \beta)$ 中有两组变量，控制分配算法将会变得非常复杂。但是，相比于标准的多旋翼飞行器，该矢量共轴八旋翼飞行器能够产生解耦的水平推力，可以在高空有效执行接触检测等任务。

由于倾转多旋翼优良的机动性能，越来越多的研究机构开始着手研究倾转旋翼无人飞行器在实际中的应用，如将倾转旋翼和固定翼结合，就可以使得飞行器既具备旋翼无人飞行器的垂直起降功能，也具备了固定翼无人飞行器的长航时特点[30-32]。除此之外，在一些设计方案中，也使用倾转结构和标准多旋翼飞行器相结合的方案来提升飞行器的飞行稳定性[33-35]，或者利用倾转结构改变机体形状帮助飞行器穿越复杂地形[36-38]。

相比于上述为单个转子专门设计倾转结构，还有一种更加简便的做法是直接使用单个标准的四旋翼飞行器作为一个矢量推力模块。文献 [39] 介绍了一种将标准四旋翼飞行器作为动力单元的过驱动飞行器,其中标准多旋翼飞行器通过万向节连接到机架上,如图1.4(a) 所示。同时,文献中也证明了要实现过驱动配置,至少需要 3 个标准的多旋翼飞行器。这意味着组成的多驱动多旋翼的转子数量达到了 12 个。文献 [40] 以标准四旋翼为动力输出单元,专门设计了一种双自由度的运动框架,这样就能单独地控制每个标准四旋翼的俯仰角和横滚角。然后利用 4 个这样的双自由度框架组成一架过驱动多旋翼飞行器,如图1.4(b) 所示。四个双自由度框架实现了动力的冗余,能够实现 6 个自由度的运动,并且设计分层控制器避免了转子推力交叉造成的能量损耗,但是此飞行器的转子数量达到了 16 个。因此,使用标准四旋翼飞行器组成的多驱动多旋翼飞行器,优势在于可以通过控制算法优化转子推力的方向避免能量的损耗,缺点在于转子数量冗余量太大。

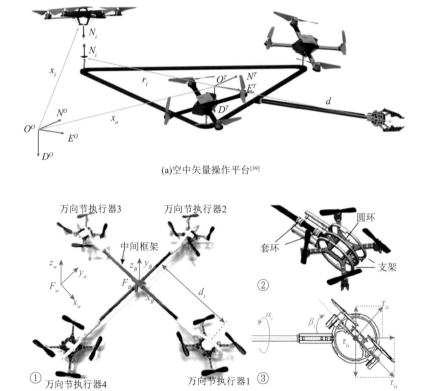

(a)空中矢量操作平台[39]

(b)六自由度空中操作平台[40]

图 1.4　由标准四旋翼为动力单元的过驱动多旋翼飞行器

2. 转子非共面配置多旋翼

倾转结构对多旋翼飞行器机动性能的提升是明显的，但是倾转结构最大的问题在于会额外增加很多伺服舵机，这不仅导致飞行器的控制分配矩阵 $\boldsymbol{B}(\alpha, \beta)$ 存在未知变量，还会使得控制输入量增加。优化伺服舵机倾转角和转子期望转速需要同时考虑伺服舵机和转子的物理约束，这给设计控制分配策略增加了困难。相比于倾转结构方案，转子非共面配置方案不需要额外增加伺服舵机，仅通过计算每个转子的期望输入就可以得到期望的推力和力矩。因此，在一些对续航时间要求比较低的应用场景中，可使用转子非共面配置方案来提升多旋翼飞行器的机动性能[41]。

文献 [42] 介绍了一种转子非共面配置结构的多旋翼飞行器设计优化方法，并设计了一个全驱动六旋翼飞行器，能够在三维空间中独立地跟踪 6 个运动自由度的轨迹。所述全驱动飞行器的每个转子相对于机体分别绕轴旋转 $\alpha_i \in \mathbb{R}$ 和倾斜 $\beta_i \in \mathbb{R}$，α_i 和 β_i 的值是固定的，因此飞行器的控制分配矩阵 $\boldsymbol{B} \in \mathbb{R}^{6\times6}$ 中所有的元素都是常数。这样就可以直接通过逆矩阵计算出每个转子的输入。特别地，所述全驱动六旋翼飞行器能够给周围环境直接施加一个力，实现了飞行器与环境直接的物理交互作用。文献 [41] 将此飞行器应用到 6D 物理交互场景中，可以抵消外部环境对它的推力和力矩。这样，固定在飞行器上的末端执行器就能够接触到非规则物体表面上的任意一点。文献 [43] 具体介绍了此类过驱动多旋翼飞行器的应用场景，配备了机械手臂或者其他末端执行器的空中机器人，能够在极端危险或难以接近的高空位置执行组装或接触检查等任务。

需要注意的是，文献 [41]~[43] 所介绍的这种过驱动多旋翼的模型，除了实现飞行器位置控制和姿态控制的解耦，还提升了飞行器的鲁棒性。文献 [44] 证明，对于标准多旋翼飞行器，要实现任意一个转子失效后飞行器仍然完全可控的条件是最少需要 6 个转子。而对于转子非共面配置的多旋翼飞行器，要实现任意一个转子失效后飞行器仍然是完全可控的，则最少需要 5 个转子。参考文献 [41]~[43] 中设计的过驱动多旋翼飞行器的倾转角满足 $\alpha_i \in (0, 90)$、$\beta_i \in (0, 90)$，而且所有转子的固定点位于同一个平面。因此，当飞行器机体姿态旋转超过 90° 以后，机体将会不可控。为了解决上述问题，实现飞行器在任意姿态都可控，文献 [45] 介绍了一种优化的 7 转子布局方案，能够实现飞行器在三维空间中的全向旋转。同时文献 [45] 证明了飞行器要实现全向运动，所需要的最小转子数量为 7。但是，所述全向飞行器的 7 个转子也是固定在同一平面上的，当飞行器机体旋转过 90° 后，由于机体质量分布不均的影响，飞行器的可控性会急剧下降。

为了实现稳定可控的全向飞行器，文献 [46]~[48] 介绍了一种由 8 个转子立体化配置的全向飞行器，如图1.5(c) 所示。所述全向飞行器能够以任意姿态悬停或者加速。通过数值求解优化问题，选择了正多面体的配置方式，即 8 个转子分别固定在一个立方体的 8 个顶点处，同时每个转子的倾斜方向也通过数值优化得到，这样全向飞行器在任意姿态下都能保持一个较高的可控性。对于所述飞行器，转子数量为 8 个，则飞行器的控制分配矩阵 $\boldsymbol{B} \in \mathbb{R}^{6 \times 8}$ 不再是方阵，此时最简便的方法就是通过伪逆矩阵计算每个转子的期望输入。在没有考虑转子物理约束的条件下，通过伪逆矩阵计算很容易出现不科学的结果。

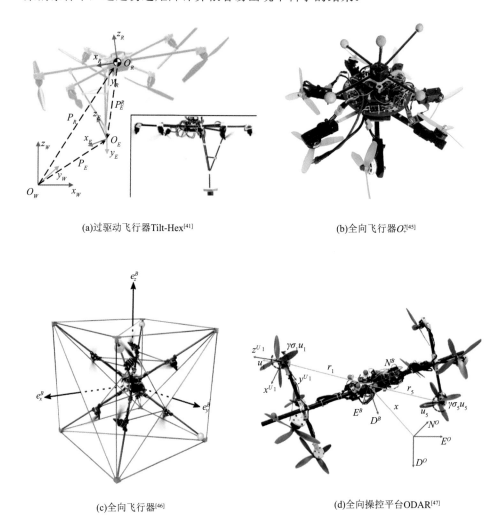

(a)过驱动飞行器Tilt-Hex[41]

(b)全向飞行器O_7[45]

(c)全向飞行器[46]

(d)全向操控平台ODAR[47]

图 1.5　由非平面转子组成的过驱动多旋翼飞行器

转子非共面配置方案也被用来设计高空操控飞行器[47,49,50]。传统的高空操控方案是在一个标准的多旋翼飞行器底部挂载机臂或者其他执行器[51-53]。执行

器在执行操作任务时，会产生一个反向作用力作用在飞行器的机体上。标准的多
旋翼飞行器只能通过改变机体姿态来抵消这个力，这样会影响其空中定点的控制。
而使用过驱动飞行器的好处是飞行器不仅能够产生足够大的水平推力，而且还能
保持机体姿态不发生改变。文献 [47] 使用由可逆电子调速器驱动的转子就可以
产生双向推力，通过优化设计方案，该飞行器能够最大限度地保证任何姿态的最
小控制推力/扭矩，同时考虑了旋翼间空气干扰、各向异性任务要求、重力补偿
等，实现了在 SE(3) 上的独立平移和姿态控制、向下力为 60N 远大于自身质量
(2.6kg) 的姿态/扳手混合控制。

综上分析，与标准多旋翼飞行器相比,过驱动多旋翼飞行器的具体优势如表1.1
所示。倾转结构设计过驱动多旋翼飞行器方案的优势在于可以使用更少的转子
数量，而且不会降低飞行器的能量损耗；缺点在于飞行器的机动能力依赖于伺
服舵机的响应速度，因此比较迟缓。转子非共面配置方案的优势在于飞行器各
个方向的推力和力矩是直接通过控制分配算法计算的，不受物理致动器运动速
度的限制，因此飞行器机动响应速度会更快；缺点在于非共面配置会导致不同
转子产生的水平推力之间产生相互抵消的作用，降低了飞行器的能量利用效率。
在实际工程设计中，会将转子倾转一个微小的角度，以提升飞行器的偏航控制
能力[54]。

表 1.1 标准多旋翼飞行器与过驱动多旋翼飞行器不同配置方案对比

配置方案	机械结构	转子数量 N	可控性	响应速度	能量效率	机动能力
标准多旋翼	简单	$N \geqslant 4$	一般	较快	高	一般
倾转结构	复杂	$N \geqslant 2$	较高	一般	低	强
转子非共面配置	一般复杂	$N \geqslant 6$	高	快	一般	强

1.2.2 飞行器姿态描述方法

多旋翼飞行器在三维空间中可以看成一个刚体的运动，具备 3 个旋转自由
度和 3 个平移自由度。刚体在三维空间中的旋转表示有三种方法，分别是欧拉
角、旋转矩阵和四元数。使用欧拉角表示刚体在三维空间中的旋转是最直观的一
种方式，使用三个参数分别表示横滚角 ϕ、俯仰角 θ 和偏航角 ψ。这是描述旋转
最简单的一种方式，不存在冗余参数，而且物理意义明确。在使用欧拉角表示刚
体姿态的旋转时，当俯仰角/横滚角旋转 90° 后，会存在奇异问题。同时，使用
欧拉角表示还存在万向节锁死问题。在实际应用中，四旋翼飞行器会做小角度线
性近似，在空中也是做小角度的机动飞行动作[19]。因此，基于欧拉角表示的姿态
控制策略在实践中得到了大量应用，也是主要的研究方向。

刚体可以由其在三维空间中相对参考坐标系的位置和方向进行完整的描述。

根据欧拉定律，任何一次绕点的旋转可以通过有限次的旋转合成实现[55]。在三维空间中，经过三次旋转就可以从当前姿态旋转到期望姿态。刚体在三维空间中的所有姿态矩阵 $\boldsymbol{R} \in \mathbb{R}^{3 \times 3}$ 属于特殊正交群，即 SO(3) 群。因此，旋转矩阵群是连续可微的，而且是微分流形，能够对刚体的姿态进行全局且唯一的描述。在矩阵群 SO(3) 的基础上，考虑刚体的位置 $\boldsymbol{p} \in \mathbb{R}^3$，可以使用 4×4 矩阵同时表示刚体的位置和姿态（位姿）。该位姿矩阵是一个特殊欧氏群 SE(3)。特殊正交群 SO(3) 和特殊欧氏群 SE(3) 都属于李群。根据黎曼几何理论，用旋转矩阵的形式对飞行器姿态的描述是全局且唯一的[56]。在 SE(3) 上建立的飞行器动力学模型也是全局且唯一的。需要注意的是，旋转的顺序不同，旋转矩阵的表述形式也是不一样的。由于旋转矩阵用 9 个参数来表示，不仅参数冗余，而且各个变量之间相互约束，还涉及复杂的矩阵运算。在早期的多旋翼飞行控制系统中，使用的微处理器并不支持矩阵运算。因此，一般会将矩阵转化成欧拉角或者四元数的表示方式进行运算。近些年，随着微电子技术的发展，微处理器具备了矩阵运算的能力，基于李群空间设计的几何控制方法逐渐开始发展起来。几何控制方法是在李群上建立飞行器动力学模型，因而设计的控制器具备全局特性，适用于飞行器的大角度飞行[57]。

1843 年，威廉·罗文·哈密顿就引入了四元数[58]。四元数 $\boldsymbol{q} = \begin{bmatrix} q_0 & \boldsymbol{q}_v \end{bmatrix}^{\mathrm{T}}$ 通过一个旋转向量轴 $\boldsymbol{k}$ 和旋转角度 φ 来表示刚体姿态的旋转[59]。其中，$q_0 = \cos(\varphi/2)$，$\boldsymbol{q}_v = \boldsymbol{k}\sin(\varphi/2)$。四元数用四个变量表示，四个变量之间相互独立，并且解决了万向节锁死问题。使用四元数表示旋转的不足在于变量比较抽象。但是，根据四元数的定义，使用四元数表示旋转能获得最优的旋转轨迹，而且使用四元数可以进行插值。近年来，基于四元数的姿态控制策略已经应用在飞行器、卫星和航天器的姿态控制中[60]。三种姿态表示方法的特点如表1.2所示。

表 1.2　三种姿态表示方法对比

姿态表示	优点	缺点
欧拉角	无冗余参数，物理意义明确	存在万向节锁死和奇异问题
旋转矩阵	无奇异，全局且唯一，连接或增量旋转	6 个冗余参数，计算复杂
四元数	无奇异，连接或增量旋转，比矩阵快	存在一个冗余参数，物理意义不明确

1.2.3　多旋翼飞行器控制策略

多旋翼飞行器的控制框架一般采用基于级联的反馈策略，包括以下步骤：首先，将系统分为内环和外环两个子系统，分别构建飞行器的姿态动力学方程和位置动力学方程。然后，针对每个回路分别设计反馈控制策略。在实际应用中，内环反馈控制的运行频率要比外环反馈控制快 5~10 倍。最后，利用外环反馈信号连接各回路，为内环提供参考信号。例如，在文献 [61] 中，针对级联反馈策略提出了不同类别的反馈控制系统，显示了它们的实现途径和差异。另外在文献 [62] 中，设计了混合姿态控制器以在全局范围内跟踪所需的轨迹。尽管将系统分成两个子系统简化了问题，但仍然需要考虑可能引起不稳定行为的内部动态。

欧拉角法是利用一组局部坐标设计欧氏空间刚体的模型和控制器[63-66]，建立多旋翼飞行器的非线性动力学和运动学模型，既可以用线性控制器也可以用非线性控制器来设计飞行器的姿态控制策略。多旋翼飞行器在空中悬停时，可进行小角度假设，将其动力学模型线性化，这样就可以采用传统的线性控制算法进行控制，如比例-积分-微分 (proportion integration differentiation，PID)、线性二次调节器 (linear quadratic regulator，LQR) 等[67]。文献 [68] 首次介绍了 PID 控制技术在名为 OS4 的微型四旋翼飞行器中的应用，同时也证明了 PID 控制器在存在微小扰动的情况下控制方向角的能力。文献 [65] 利用欧拉角法，在欧氏空间建立了非线性四旋翼模型，并推导了非线性模型在平衡点的线性反馈控制器。LQR 是基于线性化模型控制的一种优化方法，通过最小化设定的代价函数来控制动态系统，但是会降低系统的鲁棒性[68-71]。文献 [68] 将 LQR 算法应用于四旋翼飞行器，并将其与 PID 控制器的性能进行了比较。PID 控制器应用于四旋翼简化动力学模型，LQR 则应用于完整动力学模型。考虑到 LQR 方法应用于更完整的动态模型，相比于 PID 算法，LQR 具有更好的控制性能。需要注意的是，LQR 只有在平衡点附近实现最优控制。文献 [69] 针对四旋翼飞行器的全姿态动力学模型，设计了一种简化的 LQR。在存在风和其他干扰的情况下，也可以使用最优实时轨迹实现精确的轨迹跟踪。结合线性二次估计 (linear quadratic evolution，LQE) 和卡尔曼滤波，LQR 算法转化为线性二次高斯 (linear quadratic Gaussian，LQG) 算法。该算法适用于高斯噪声和状态信息不完全的系统。将积分作用 LQG 用于飞行器的姿态稳定，在悬停模式下取得了良好的效果。这种 LQG 控制器的优点在于不需要有完整的状态信息[70]。

线性控制算法依赖于飞行器小角度假设的线性化模型，限制了飞行器机动性能的提升。因此，更多的研究者研究非线性控制算法用于多旋翼无人飞行器系统，如反馈线性化、滑模控制、反步法控制等[72-77]。文献 [72] 采用输出反馈线性化作为自适应控制策略，对具有动态重心变化的四旋翼飞行器进行稳定和轨迹跟踪。控制器能够稳定四旋翼，并在重心改变时实时重新配置。滑模控制是一种非线性控制算法，通过对系统施加一个不连续的控制信号，命令系统沿着指定的路径滑动。文献 [73] 采用滑模控制器来稳定串联欠驱动系统。文献 [74] 设计了一种基于李雅普诺夫 (Lyapunov) 稳定性理论的滑模控制器，所述滑模控制器能够稳定地驱动四旋翼到一个期望的位置和偏航姿态。在注入噪声的情况下，跟踪效果同样良好，表明该控制器具有较好的鲁棒性。文献 [76] 将基于反馈线性化的具有并行运行的高阶滑模观测器的控制器应用于四旋翼无人飞行器,高阶滑模观测器可作为风和噪声等外部干扰影响的观测器和估计器,整个观测器-估计器-控制律构成了一种使用最少传感器进行飞行器控制的原始方法。文献 [77] 提出了一种基于反馈线性化的连续滑模控制方法,设计了系统的输出跟踪控制,通过对非线性系统进行动态扩展,可以将非连续滑模控制变为连续滑模控制。状态反馈精确线性化过程中的零动态问题可以通过在部分控制输入端放置两个积分器来解决,实现解耦控制。

反步控制策略是一种递归算法,具有收敛速度快、计算资源少、能很好地处理外部干扰等优势[78]。文献 [78] 提出了一种适用于反步控制设计的四旋翼非线性动力学模型,将四旋翼跟踪三个笛卡儿位置和偏航角设置为所需的值,并稳定俯仰角和滚转角。该系统已呈现为三个相互关联的子系统,基于李雅普诺夫稳定性理论提出了一个反步控制来稳定整个系统。文献 [79] 提出了一种自适应积分反步控制算法来实现四旋翼的鲁棒控制,所提出的控制算法可以在线估计扰动,从而提高系统的鲁棒性。

为了应对外部干扰,提升飞行器系统的鲁棒性,有学者研究自适应控制和鲁棒控制在多旋翼飞行系统中的应用[80-83]。自适应控制算法旨在适应系统参数的变化,这些参数或不确定,或随时间变化。在已知质量但惯性矩和气动阻尼系数不确定的情况下,文献 [80] 实现了一种性能良好的连续时变自适应控制器。文献 [81] 介绍了一种非线性鲁棒自适应容错姿态跟踪方法,用于在不需要故障诊断机制的情况下适应四旋翼无人飞行器的执行器故障。即使存在可能的多个执行器故障和建模不确定性,容错控制算法也能保证飞行器姿态跟踪误差的渐近收敛;文献 [81] 也设计了鲁棒控制算法来处理系统参数的不确定性或干扰,保证控制器的性能在可接受的干扰范围,或者适应未建模的系统参数对系统的影响。

即使是最好的线性或非线性控制算法,它们都有局限性,研究人员通过结合一种或多种算法的原理来综合利用不同控制器的优点。文献 [84] 采用了一种混合模糊控制器,该控制器采用反步法和滑模控制,成功地消除了滑模控制算法的抖振效应。文献 [85] 提出了通过反步法结合神经网络的自适应控制方法,反步法用于实现理想的平移位置和偏航角的良好跟踪,同时保持滚转角和俯仰角的稳定性,神经网络用来补偿未建模的动力学行为,使得控制系统具备更好的通用性和健壮性。

然而,欧拉角法设计的刚体模态和非线性反馈线性化控制器仅在一定的局部邻域下有效[86,87],欧拉角法表示的刚体姿态矩阵具有奇异性和非唯一性,使得刚体的运动状态无法全局描述。

为避免欧拉角和最小表示方法引起的奇异性问题,采用四元数法描述刚体姿态旋转矩阵。文献 [86] 利用四元数法在欧氏空间中设计了四旋翼飞行器的数学模型，并利用李雅普诺夫函数和反步法推导了控制策略。文献 [87] 提出了一种四元数姿态误差自适应容错控制器用于刚体姿态控制。文献 [88] 基于变结构方法，提出了一种具有单位四元数的刚性航天器自适应容错姿态跟踪控制方法，四元数法能在一定程度上避免奇异性，但在基于四元数法的姿态建模和控制设计中，仍需谨慎处理姿态表示的模糊和解绕行为（刚体在旋转过程中不必旋转[89]）。飞行器动力学涉及参数扰动、非线性、耦合以及外部干扰。为解决四旋翼飞行器基于四元数的鲁棒姿态控制问题，文献 [90] 提出了一种新的状态反馈控制器来抑制非线性和不确定性对闭环控制系统的影响，包括标称控制器和鲁棒补偿器。其中，通过忽略角速度之间的耦合项获得标称模型，而将耦合项、参数不确定性和外部不确定性视为等效扰动。文献 [91] 开发了一种新的基于四元数的非线性鲁棒输出反馈跟踪控制器，以解决受结构不确定性和未知外部干扰影响的四旋翼无人飞行器的姿态及高度跟踪问题。在速度反馈不可用的情况下，引入了一组不基于模型的滤波器来估计四旋翼飞行器高度方向上不可测量的角速度和平移速度。同时，引入基于神经网络的近似组件来估计建模不确定性，并设计稳健的反馈组件来补偿外部干扰和神经网络重建误差，实现了半全局渐近跟踪结果并且所有闭环状态保持有界。文献 [92] 基于四元数提出了一种四轴飞行器的姿态跟踪控制律和控制分配策略，可以在全姿态和降级姿态控制之间无缝切换，即只控制推力方向。所述控制策略实现了推力方向的对齐与偏航方向的解耦，同时证明了降级姿态误差的几乎全局渐近稳定性，并显示了偏航误差的收敛。通过将姿态误差分解为降级姿态误差和偏航误差，四轴飞行器的推力方向沿着最短的角路径转向所需的推力方向。因此，降级的姿态误差通常收敛得更快，位置误差小于基于全姿态误差的传统控制器。

黎曼空间中的李群方法作为一类特殊的几何方法，可以全局地描述刚体的建模和控制，避免了欧拉角或者四元数引起的奇异性和模糊性。SO(3) 群中的每一个元素和刚体的每一个姿态是一一对应的，欧氏空间中的任何运动都可以看成沿着 SO(3) 群的一条曲线。由于刚体姿态配置空间是黎曼流形上的一类一般李群[93]，并且刚体的每个姿态都可以通过 SO(3) 群全局唯一地表征，动力学模型的建立和基于 SO(3) 组的几何控制器也是全局唯一的。几何控制方法是在 SE(3) 群中建立飞行器的非线性动力学模型，采用非线性控制方法设计飞行器的控制策略[94,95]。因此，基于李群方法的刚体模型可以实现大角度全姿态机动，甚至全向运动。目前已经报道的李群理论结果主要集中在控制器稳定性和鲁棒性方面。例如，对于李群上刚体的稳定性分析，文献 [93] 设计了一类李群上的全驱动机械系统的全局反馈控制器，以保证几乎全局的渐近稳定性。需要注意的是，在状态反馈控制器的设计中，找到具有一定规律性条件的"误差函数"是一个难题。文献 [96] 开发了用于 SO(3) 群控制系统的姿态跟踪控制器，证明了其指数稳定性。而 SO(3)

群上姿态误差函数的选择和严格李雅普诺夫函数的构造是设计控制器的关键点。针对李群上刚体的控制器设计和鲁棒性分析，文献 [97] 将欧氏空间中的比例微分控制律扩展到李群方法，并将该方法应用于一类轨迹跟踪控制问题。但是，所提出的控制策略没有考虑全驱动机械控制系统的任何势能，具有一定的保守性。此外，文献 [98] 开发了 SO(3) 组上的鲁棒自适应控制器，以在没有惯性矩阵的情况下跟踪姿态和角速度命令。所设计的鲁棒自适应控制器虽然消除了系统中参数和非参数不确定性的影响，但也一定程度上牺牲了系统本身的性能。因此，李群上刚体姿态控制性能的优化也是一个值得继续研究的课题。

1.2.4　多旋翼飞行器轨迹规划策略

对于无人飞行器的运动规划，从学院派角度可以分为"前端"路径寻找和"后端"轨迹生成。"前端"路径寻找往往是在低维离散空间去搜索一条初始安全路径，并不包含时间信息，而"后端"轨迹生成是根据"前端"搜索到的初始路径，在高维连续空间中搜索一条带有时间信息的可执行轨迹，即满足动力学可行的光滑轨迹。对于"后端"轨迹生成问题，普遍的处理方法是最小化代价目标函数，寻找出一组满足特定约束的最优决策变量。而根据代价目标函数的构建形式，可以分为硬约束方法和软约束方法。硬约束方法需要严格满足约束，而软约束方法是将约束添加到代价目标函数中作为惩罚项。

文献 [99] 提出了一个开创性的方法，即最小化 Snap 轨迹生成算法，证明了利用微分平坦性质，四旋翼系统的全状态和控制输入可以表示为三维位置和偏航角以及它们导数的线性组合，因此能够采用带有约束的分段平滑多项式来生成轨迹，并将轨迹生成问题构建为二次规划问题，选择位置四阶导数的欧氏范数平方的积分以及偏航角二阶导数的欧氏范数的平方的积分之和作为目标函数。文献 [100]提出了一种三维空间中异构四旋翼机群生成最优轨迹的算法，并在实验中观察到四旋翼下方不能有小型或者同等大小的四旋翼飞行器，因为这会造成跟踪性能下降甚至不稳定，为此将四旋翼之间的这些相互影响量化为混合整数规划的约束。文献 [101] 提出一种闭式求解最小化 Snap 轨迹生成的方法，相比于文献 [99] 中求取最优的多项式系数，文献 [101] 通过映射矩阵将多项式系数映射到每段轨迹端点处的各阶导数，并利用选择矩阵将这些导数分为自由分量和固定分量，由此得到自由分量的闭式解。虽然这种闭式解可以保证数值稳定，但是规划出来的轨迹可能出现超调的情况，这使得整个轨迹不再具有安全性。文献 [102] 为带有悬挂载荷的四旋翼提出一种轨迹规划方法，使得该无人飞行器可以通过已知障碍分布的环境。该文献利用微分平坦的"线性"性质，给带有悬挂载荷的四旋翼飞行器规划轨迹：构建混合整数二次规划得到带有悬挂负载的四旋翼系统的轨迹，在必要的情况下规划四旋翼飞行器的轨迹。文献 [103] 使用八叉树结构来描述环境，然后基于搜索算法进行飞行走廊的初始化，最后构建二次规划问题。这样可以求解出处于飞行走廊内同时满足动力学约束的安全轨迹，解决了一般轨迹生成出现的超调现象，保证了轨迹的安全性。但是，基于飞行走廊生成的轨迹仍面临一个问题，就是生成的轨迹和障碍物之间的间隙可能小于四旋翼的机臂长度，使得四旋翼可能与环境中的障碍物碰撞。文献 [104] 提出一种在线轨迹生成方法，该方法可以直接在点云上生成轨迹。该文献利用激光测距仪来进行环境建图及状态估计，利用生成的点云地图，基于搜索的路径寻找方法在三维空闲空间中建立飞行走廊，使用 k-d 树的快速最近邻查询来完成飞行走廊的最大半径搜索，构建二次约束二次规划 (quadratically constrained quadratic program, QCQP) 来进行轨迹生成。文献 [103] 和 [104] 存在一个共同的问题，即需要较长的迭代时间才可以得到可行解。

文献 [105] 提出一种将轨迹生成问题构建为二次规划的方法，同时提出一种有效凸分解的方法。该文献利用"前端"路径寻找跳点 (jump point search, JPS) 算法获得一条从四旋翼到目标位置的安全路径，然后根据这条路径构建飞行走廊，即一系列凸多面体的几何拓扑，最后构建二次规划求解四旋翼飞行器动力学可行的安全轨迹。文献 [106] 提出一个基于优化的轨迹生成算法，该算法可以在带有移动障碍物的动态环境中生成无碰撞的轨迹，对移动障碍物进行有限视野的运动预测，并首次在二次约束二次规划问题上利用半正定松弛法消除动态避障中的非凸约束。同时，使用随机化方法和凸线性约束来获得原非凸问题的可行解。为了能够更好地实现时间分配，文献 [107] 采用快速行进算法在由欧氏符号距离场构成的速度场中搜索一条带有时间信息的路径，之后利用伯恩斯坦基 (Bernstein basis) 函数构成的贝塞尔曲线来表示轨迹，并将轨迹生成问题构建为二次规划问题，其中飞行走廊构建为二次规划问题的线性约束，以此来约束无人飞行器的轨迹处于安全走廊中。利用贝塞尔曲线的凸包性质将无人飞行器的轨迹限制在安全走廊中，这个性质还可以用于无人飞行器的动力学约束中。

针对无人飞行器在非结构化环境中的导航问题，文献 [108] 提出一种用于多转子实时避障的连续时间轨迹生成算法。该算法使用多项式表示轨迹，目标函数中的碰撞代价使用沿着轨迹弧长积分距离惩罚项来表示。使用梯度下降来求解这个高度非线性并且非凸的优化问题，但是这个算法容易受到初始化影响陷入局部极值，只能通过多次随机重新计算来增加获得可行解的机会。针对轨迹生成方法需要在静态环境下同时环境地图已知的问题，文献 [109] 提出了一种能够处理未知模型障碍物的局部轨迹生成方法，该优化问题是对碰撞代价、动力学可行性以及启发值的惩罚，其中启发值是指局部优化轨迹末端位置和速度分别与全局轨迹期望值之间的误差。对于轨迹生成的实时性，该文献使用占有网格来保存无人飞行器周围的地图信息来保证。除此之外，文献 [110] 针对未知环境下无人飞行器的自主导航提出了一个轨迹生成框架，首先使用基于搜索的路径寻找方法在体素地图中搜索一条初始安全路径，然后采用两步优化策略生成轨迹：①先只优化关于碰撞代价部分，使得轨迹沿着梯度下降的方向远离障碍物；②根据此时对应的路径点信息进行时间重分配，并考虑关于平滑项和动力学约束的惩罚项。文献 [111] 提出一种有效并具有鲁棒性的系统方法，将动力学路径寻找、基于 B 样条的"后端"优化以及时间分配结合在一起，先通过动力学路径寻找算法得到一条安全并动力学可行的初始轨迹，然后结合梯度信息以及动力学约束，使用基于 B 样条的优化来优化轨迹的光滑性以及与障碍物之间的间隙。针对目前高速导航仍存在的瓶颈，文献 [112] 提出了一种基于环境感知的轨迹重规划方法。该文献使用两种感知策略：一种是关于威胁四旋翼飞行的危险感知，主要是可以发现并躲避未知障碍物；另一种是对偏航角进行规划，文献中将此规划解耦为图搜索问题和轨迹优化。

最小时间轨迹生成作为轨迹生成问题中的一个子问题，时间分配是影响其结果趋于次优的一个主要原因。目前关于最小时间轨迹生成的方法主要分为两种：直接法和间接法，即将轨迹生成问题解耦为空间轨迹生成和时间轨迹生成。文献 [113] 采用间接法来进行最优时间的轨迹生成，首先构建二次规划问题来生成安全平滑的虚拟域下空间轨迹，然后在时间域上进行动力学可行性的约束，构建凸二阶锥规划来求解映射函数，该映射函数描述的是虚变量和时间变量之间的映射关系，最后根据空间轨迹和映射函数得到速度和加速度轨迹。文献 [114] 通过求解最优控制问题得到运动原语，然后利用图搜索方法得到最小时间的轨迹，但是当地图尺寸较大时求解时间会呈指数级增长。

1.3　研究内容及方法

多旋翼飞行器的优化设计及控制是目前研究的热点，尤其是针对特定场景开发出新型的多旋翼无人飞行平台是一项非常具有挑战性的工作。通过对前面相关文献以及研究现状的分析，可以进行如下合理的总结：

(1) 传统的平面布局的多旋翼飞行器是当前商业应用和科学研究的主要对象。在一些最新开发出的商业型多旋翼飞行平台中，已经开始逐渐突破固有的平面布局方式，采用非共面配置的构型以及倾转结构来提升多旋翼飞行器的综合性能。但是，面对种类如此多的多旋翼飞行器，依然缺乏一种统一的衡量标准或者方法来合理选择及评估不同类型多旋翼飞行器的性能。

(2) 单一的运动模式在一些特定的应用场合不能满足实际应用的需求。相比于滑翔飞行、地面行驶或者水面航行，多旋翼的飞行模式是最耗能的一种方式。

因此，结合多种运动模式的飞行平台不仅能提高能量利用效率，也能增强平台的生存能力，如垂直起降固定翼。在未来，这种综合多种运动模式的飞行平台将会是发展的主流方向。

(3) 多旋翼飞行器的设计是一个非常专业且复杂的过程。因此，人们经常希望通过一个飞行平台来完成多种实际任务。但是，不同的任务对飞行器的外形尺寸、续航时间、负载等的需求是不一样的。因此，针对特定的任务，往往需要设计特定的多旋翼飞行平台。这种设计模式也导致特定的飞行器只能执行特定的任务，造成飞行器的使用效率非常低。因此，设计一种能够根据任务需要灵活组装的模块化多旋翼飞行器就显得极为重要。

(4) 障碍规避是自飞行器诞生以来一直需要面对的问题。多旋翼在空中飞行时要面对空中来自任意方向、力度未知、大小未知的不明飞行物碰撞的威胁。当前主流的方案是在飞行器周围安装传感器（雷达、摄像头），并通过处理器的高速运算来感知不明飞行物体出现的方向，并及时躲避。这种做法能够避免绝大多数的不明飞行物，但是也不能完全保证飞行器的安全。因此，开发出自身结构具备一定避障能力的飞行器，将会极大地提升飞行器在未知环境中的生存能力。

(5) 四旋翼的控制算法已经发展得较为成熟，但难以弥补飞行器结构的缺陷。随着飞行器的应用不断拓展，飞行器往往需要面临更复杂的环境，执行更困难的任务，这对飞行器机动性、灵活性和鲁棒性等都是更大的挑战。例如，在执行空中操作物体或与环境物理交互等任务时，需要飞行器具有矢量飞行或者全向飞行的能力，完成全姿态轨迹跟踪，然而传统的多旋翼飞行器转子共平面，是一种强耦合、欠驱动的非线性系统，不能完成姿态和位置的独立控制。迫切需要新型飞行器完成这种任务，为此，设计可以根据任务需要灵活切换到不同转子配置下的飞行器就变得极为关键。

本书以提升多旋翼飞行器的控制鲁棒性、机动性、容错性及自恢复能力为目标，研究倾转旋翼结构和转子非共面配置结构对飞行器的影响，实现飞行器的多模态运动控制、大角度机动控制以及三维碰撞恢复控制。首先重点研究不同构型的多旋翼飞行器的结构特点以及转子失效后飞行器的可重构特性，提出一种用于不同类型多旋翼飞行器可控性的评价准则；针对飞行器多模态运动问题，开发出一种陆空两栖运动平台，研究多模态运动模式转换问题以及新型多旋翼飞行器在实际场景中的应用问题；为解决飞行平台使用效率问题，开发出一种由倾转模组组成模块化多旋翼飞行器，重点研究多旋翼飞行器的拓扑结构；在多旋翼飞行器避障方面，受到蚊子在雨中躲避雨滴的启发，提出一种帮助多旋翼应对任意方向碰撞的恢复策略，开发实验样机进行验证。本书所有样机的设计建立在所提出的可控性评价方法下，既具有多旋翼飞行器理论探索意义，也能为开发人员设计新型多旋翼飞行器提供新的思路。本书的主要内容如下：

(1) 多旋翼飞行器可控性及可重构特性研究。针对平面构型的多旋翼飞行器以及非平面构型的多旋翼飞行器，在相同的动力系统下，开发出能够量化不同转子数量及配置方案对飞行器可控性影响的评价方法；系统地分析当前常见的多旋翼飞行器平台的可控性，以及当有转子失效后，剩余转子的可重构特性，为开发新型多旋翼飞行器奠定理论基础。

(2) 基于非线性模型预测控制的矢量四旋翼飞行器 5D 轨迹跟踪控制。以一种新型的多模态两栖多旋翼飞行器为基础，研究飞行器可达域的集合对飞行器机动性能的影响，开发基于"旋转矩阵"描述的多旋翼飞行器姿态控制策略，应用于多旋翼飞行器的大角度悬停或者矢量飞行等高机动动作，解决使用"欧拉角"描述多旋翼姿态出现的万向节锁死及空间不连续问题。同时，研究多旋翼飞行器的全局稳定控制及 5D 轨迹跟踪控制。

(3) 基于几何控制的模块化飞行器 6D 轨迹跟踪控制。以双自由度倾转模组为研究对象，开发出能够模块化灵活组装的多旋翼飞行器；研究在不同模组数量及空间位置的情况下飞行器的容错能力及机动性，建立多旋翼飞行器的几何动力学模型；重点研究过驱动飞行器在 6D 位姿跟踪控制中位置规划与姿态规划的解耦问题；针对不同拓扑结构的多旋翼飞行平台，开发在 SE(3) 群上过驱动多旋翼飞行器的通用控制框架。

(4) 微型过驱动八旋翼飞行器"顺势而为"三维碰撞恢复策略及 6D 最小时间轨迹生成。以应对任意方向的随机碰撞为目标，开发出一种能帮助多旋翼飞行器应对任何方向未知碰撞的安全恢复策略。主要围绕多旋翼样机优化设计、姿态控制策略、最优位姿规划等影响多旋翼空中机动动作的策略展开；重点分析高空坠物、横向碰撞，以及底部碰撞对飞行器的影响以及多旋翼飞行器不同的安全逃逸路线；结合姿态控制器设计以及最优位姿规划帮助飞行器以最短的时间从碰撞中恢复到安全姿态；同时针对该微型过驱动多旋翼飞行器执行设备巡检场景，提出一种 6D 全位姿最小时间轨迹生成算法。

(5) 基于全姿态几何控制的同步倾斜转子六旋翼飞行器 6D 轨迹跟踪控制。以结构紧凑、方案简单为目标，开发出一种能够灵活切换到不同转子配置下的同步倾转六旋翼飞行器。主要围绕六旋翼的样机优化设计、推力效率分析、推力可达集建模、全姿态控制策略等方面展开；同时建立同步倾斜转子六旋翼飞行器的动力学模型；通过仿真和实物飞行实验验证新型六旋翼飞行器的倾转悬停能力和复杂轨迹跟踪能力。

为了区别不同结构对飞行器性能的影响，提出一种基于力矩可达集的可控性评估方法。不同的配置结构及拓扑方案，会导致飞行器的动力学特性发生很大的变化，为发挥每种多旋翼飞行器最佳的性能，需要解决的关键问题如下：

(1) 多旋翼飞行器是一个非线性系统，线性系统可控性判断方法并不适用于判断多旋翼飞行器的可控性。而多旋翼飞行器的种类很多，既包括共面配置的多旋翼飞行器，也包括非共面配置的多旋翼飞行器。建立一种直观、统一的标准来综合评估不同配置方案及转子数量对飞行器的控制性能显得极为必要。为此，能否通过计算有效力矩可达空间来反映多旋翼飞行器的可控性是本书要解决的关键问题之一。

(2) 传统的多旋翼飞行器在控制时常常基于小角度假设，近似成为一个线性系统做控制。但是对于具备大角度机动能力的飞行器，这种方法显然是不可取的。如何设计一种姿态控制器，应用于此类大角度机动的飞行器，实现飞行器 5D 轨迹跟踪是本书要解决的关键问题之二。

(3) 双自由度倾转模组能够为多旋翼飞行器提供大小和方向均可控的矢量推力。合理地分配双自由度倾转模组及确定各个模组的空间位置，能够最大限度地提升飞行器的机动性能。在这一类问题中，研究过驱动多旋翼飞行器的全局稳定姿态控制策略及 6D 轨迹跟踪，是本书要解决的关键问题之三。

(4) 多旋翼飞行器在三维空间的碰撞恢复策略既需要飞行器自身具备极高的机动性能，也需要位姿规划策略能够在极短的时间内计算出下一个周期飞行器的期望位姿，尤其是应对高空坠物时，需要位置与姿态独立规划。因此，研究过驱动多旋翼飞行器时间最优的位姿规划策略以及轨迹快速生成是本书要解决的关键问题之四。

本书的研究重点虽然集中在新型多旋翼飞行器的开发上，但是其中涉及的理论知识和结论能够为传统多旋翼飞行器性能的优化提供有价值的改进方向，也为将来针对不同任务设计新型的多旋翼飞行器提供理论支撑。本书所有的理论以及样机优化设计概念，均通过仿真和在真实的样机上实验来验证方法的有效性。

第 2 章　多旋翼飞行器可控性评估

2.1　引　言

多旋翼飞行器是依靠转子带动螺旋桨产生的推力来提供动力的,采用定桨距螺旋桨,推力的方向是固定的。因此,转子的数量以及固定位置决定着旋翼飞行器的可控性及容错能力。多旋翼飞行器的布局多样,建立一种通用的评估多旋翼飞行器机动性能的方法是极其必要的,能根据不同的任务需要及现场环境来设计所需要的多旋翼无人飞行器。在实际任务中,飞行器的机动能力、负载能力及续航能力很难同时兼顾,是此消彼长的关系。例如,为了提高飞行器的续航能力,就需要更多的电池,更多的电池又进一步增加了飞行器的自重,更大的飞行器重量,则意味着飞行器自身的转动惯量更大,导致飞行器加减速会更加迟缓,相应地,飞行器的负载能力也会减弱。

目前常见的多旋翼结构包括两类:①转子共面配置的多旋翼飞行器,如标准的四旋翼飞行器、六旋翼飞行器及八旋翼飞行器等;②转子非共面配置的多旋翼飞行器,这类飞行器的水平面不是相互平行的,但是转子的位置是固定的。在设计多旋翼飞行器时,经常应用非共面配置来增强飞行器的抗风性能或者提高其加速性能。遗憾的是,目前还缺少一种统一的标准来量化不同类型飞行器的可控度以及结构的可重构能力。

飞行器在空中的运动包括 3 个平移自由度(前后运动、上下运动、左右运动)和 3 个旋转自由度(横滚运动、俯仰运动、偏航运动)。标准多旋翼飞行器由于只能提供相对于机体垂直向上的推力,在改变其运动方向时必须依赖机体的倾斜来产生水平的分力。因此,标准的多旋翼飞行器是一个欠驱动、强耦合的系统,其俯仰运动和前后平移运动耦合,横滚运动和左右平移运动耦合。因此,标准的多旋翼只有 4 个独立的运动自由度是可控的,称为 4D 轨迹。转子非共面配置的多旋翼飞行器可以产生相对机体水平的分力,能够实现平移运动的独立控制。这样,对于转子非共面配置的多旋翼飞行器,能够实现 5D/6D 轨迹的跟踪。因此,研究转子非共面配置的多旋翼飞行器对提升飞行器的机动能力是极其必要的。

本章的内容安排如图2.1所示,首先介绍多旋翼飞行器的系统组成、运动机理及建模方法,特别地,基于牛顿-欧拉方程介绍多旋翼飞行器建模的步骤和方法，建立多旋翼飞行器的通用动力学模型。然后通过对多旋翼飞行器转子位置与数量的分析，得出转子产生的推力和力矩在空间中的分布情况。转子的力矩空间布局决定了飞行器姿态控制的响应精度和速度。转子推力空间布局决定了飞行器在空间中的加减速能力。结合推力和力矩的空间分布规律，提出一种更加直观、简单的分析飞行器可控性的方法。最后归纳总结目前常见的六类平面布局的多旋翼飞行器和三类非共面配置的多旋翼飞行器，基于所提出的可控性分析方法，分析这些飞行器的结构容错能力和机动能力，得出设计具备容错结构多旋翼飞行器的必要条件以及提升多旋翼飞行器机动能力的优化方向。以上分析能对后续章节所设计的多旋翼飞行器提供理论支撑。

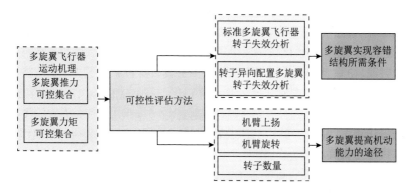

图 2.1　本章内容安排

本章的结构安排如下：2.2 节描述多旋翼飞行器的系统组成及运动机理；2.3 节介绍一种评价多旋翼飞行器可控性的方法；2.4 节系统地分析传统共面配置多旋翼飞行器在任意一个转子失效后剩余转子的可重构能力；2.5 节对本章内容进行总结。

2.2　多旋翼飞行器系统组成及运动机理

2.2.1　系统组成

多旋翼飞行器系统主要包括天空端组件和地面端组件。如图2.2所示，天空端组件包括飞行器机架、无线数传模块、动力系统（包括直流无刷电机、锂电池、螺旋桨、电子调速器）、飞行控制系统、接收机以及所搭载的其他载荷；地面端组件包括无线数传模块、遥控器及地面站。

飞行器的机架承载着所有动力系统和电子设备。在复杂的飞行环境中，飞行器机架既承受静力载荷，也承受动力载荷。静力载荷是稳定作用在机架上的力，是不随时间变化的；而动力载荷是随时间变化的瞬间冲击作用力或者交变作用力，包含随时间周期变化的载荷、短时间内突变的冲击载荷以及随机载荷。机架上承受的静力载荷和动力载荷也会导致机架产生振动或噪声。机架产生的振动或噪声一方面影响飞行器的飞行稳定性，另一方面也会增加板载传感器（陀螺仪、磁力计、电子罗盘等）估计值的误差。多旋翼飞行器的固有振动频率只与机架的刚度特性和质量有关。因此，多旋翼机身结构的强度会影响飞行器的稳定性、安全性及实用性。在设计多旋翼飞行器时，机身材料会尽量选择结构强度高、密度低的材料。碳纤维材料常被用于飞行器机身的制造。选用碳纤维材料的另一个好处就是成本相对可控，而且易于加工。

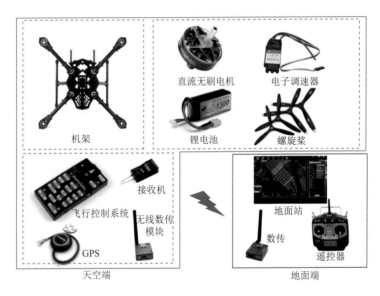

图 2.2 多旋翼飞行器基本组成示意图

（GPS 指全球定位系统）

多旋翼飞行器的另一个重要参数是飞行器的轴距。组成多旋翼飞行器的转子围成的外接圆的尺寸定义为飞行器的轴距，该参数决定了飞行器的外形尺寸。对于传统的四旋翼飞行器，轴距就是对角两个转子的距离。因此，飞行器的轴距决定了能够选用的螺旋桨的最大尺寸，相应地，也决定了螺旋桨产生的最大推力。一般而言，螺旋桨的尺寸需要小于飞行器的轴距。

给多旋翼飞行器提供动力的部件称为"动力系统"，包括转子、螺旋桨和电子调速器等。需要注意的是，直流无刷电机、空心杯电机以及直流有刷电机都能带动螺旋桨产生推力。因此，将这一类能够带动螺旋桨给飞行器提供推力的电机统称为"转子"。螺旋桨一般采用定桨距的螺旋桨，包括双叶桨和三叶桨等。由于螺旋桨的桨距是固定的，推力的大小只能通过调节转子的转速调节。电子调速器就是用来调节转子转速的电子设备。

直流无刷电机因其寿命长、转速高而经常被用于多旋翼飞行器的设计中。在选用直流无刷电机时，需要注意的参数有电机的 KV 值（单位为 r/(min·V)）和最大电流/功率。直流无刷电机的 KV 值是指每增加 1V 电压，每分钟电机转速增加的值。一般而言，电机的 KV 值越大，搭配的螺旋桨尺寸就越小；电机的 KV 值越小，配合使用的螺旋桨的尺寸就需要越大。

螺旋桨是旋翼飞行器产生推力的部件。优化搭配螺旋桨、转子和电子调速器，既能使得螺旋桨的力效最大，也能延长飞行器的续航时间。螺旋桨的材料一般选用复合材料、塑料或者碳纤维材料。螺旋桨在空气中旋转时，在空气阻力及机体重量的影响下，螺旋桨的桨叶会发生弹性形变，其空气动力性能也会发生改变。这种现象也称为气动弹性现象，会对飞行器的安全飞行造成显著的影响。因此，当设计飞行器时，选择合适的转子以及与转子适配的旋翼是非常重要的。转子带动螺旋桨旋转，产生推力 T（单位为 N），可以描述为[115]

$$T = A_p C_p \rho r_p^2 \varpi^2 \tag{2-1}$$

其中，ϖ 为螺旋桨转速；A_p 为螺旋桨桨叶面积；r_p 为螺旋桨桨叶半径；C_p 为螺旋桨的无量纲特征推力系数。需要注意的是，空气密度 ρ 的大小会随着飞行器的飞行高度和空气温度而变化。一般而言，小型多旋翼飞行器的飞行高度较低，可以近似地认为空气密度 ρ 是一个常数。这样，除了螺旋桨转速 ϖ 以外，其他参数都是常数，则螺旋桨产生的推力可写成更加简洁的形式：

$$T = c_T \varpi^2 \tag{2-2}$$

其中，推力系数 $c_T = A_p C_p \rho r_p^2$，可以通过静态推力测试实验测得。螺旋桨高速旋转会产生大量的空气流过转子，增加了转子的机身阻力。通过实验确定系数 c_T 的优点在于还将空气流动增加的转子机身阻力考虑在内。

以 T-motor 公司生产的 MN6007-KV320 直流无刷电机为例[116]，搭配 22in（1in=2.54cm）螺旋桨，如图2.3所示，横坐标表示控制信号输入。对于该电机，可以近似得到 $c_T \approx 6.5$。在设计控制器时，为了取得更好的控制效果，也可以选用多项式对推力曲线进行拟合，得到一个更加精确的电机推力响应关系。使用多项式进行拟合，可以得到一个非线性的输入-输出关系，能够将空气阻力以及机械损耗包含在内，可以更加精确地反映真实情况。

转子带动螺旋桨旋转，旋转轴的加速以及螺旋桨受到的阻力都会导致反转力矩 τ_M 变化。空气对螺旋桨产生的阻力力矩 τ_{drag} 与电机产生的反转力矩 τ_M 是相反的。根据牛顿第二定律，有

$$J_{\mathrm{prop}} \dot{\omega} = \tau_M - \tau_{\mathrm{drag}} \tag{2-3}$$

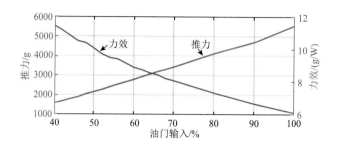

图 2.3　MN6007-KV320 直流无刷电机推力测试

其中，J_{prop} 为转子绕轴旋转的转动惯量。阻力力矩定义为 τ_{drag}

$$\tau_{\text{drag}} = \frac{1}{2}\rho A_p r_p^2 \varpi^2 \tag{2-4}$$

根据式（2-3），当转子转速稳定时，转子的转速 ϖ 是一个常数，则有 $\tau_M = \tau_{\text{drag}}$。结合式（2-4），转子产生的反转力矩可表示为

$$\tau_M = c_M \varpi^2 \tag{2-5}$$

其中，反转力矩系数 $c_M = \frac{1}{2}\rho A_p r_p^2$。在实际工程中，该参数也可以通过静态推力测试实验确定。根据式（2-2）和式（2-5），转子带动螺旋桨产生的推力和反转力矩与转速的平方 ϖ^2 成正比。对于确定的螺旋桨，更高的转速，就能产生更大的推力和更强的反转力矩。对于传统多旋翼飞行器，转子的反转力矩常被用于飞行器偏航的控制。反转力矩越大，对偏航运动的控制能力就越强。相比于推力，同一组动力系统产生的推力要比反转力矩大两个数量级。因此，反转力矩是很小的，这也就是飞行器在空中遇到强风，更容易发生自转的原因。为了解决这个问题，在设计多旋翼飞行器时，固定在机臂末端的转子可以绕机臂轴旋转一个微小的角度，利用推力产生的水平分力来提高偏航控制能力。

螺旋桨力效（η_{prop}，单位为 g/W）是用于评估螺旋桨能量转换效率的指标，定义为

$$\eta_{\text{prop}} = \frac{T}{\tau_M \varpi} \tag{2-6}$$

力效 η_{prop} 越高，意味着螺旋桨的能量利用效率越高，损耗的能量越小，对提高飞行器的续航时间有着非常重要的作用。需要注意的是，螺旋桨的力效不等效于整个动力系统的力效。动力系统的总力效 η_{pow} 由螺旋桨的力效和转子的力效组成，具体可表示为

$$\eta_{\text{pow}} = \eta_{\text{prop}}\eta_{\text{motor}} \tag{2-7}$$

其中，η_{motor} 为转子的力效。仍以 T-motor 公司生产的 MN6007-KV320 电机为例，如图2.3所示。可以看出，随着控制信号的增加，动力系统的力效会逐渐减小。

在实际工程中选择动力系统时，需要平衡力效和推力输出，这样才能取得更好的控制效果和更长的续航时间。

2.2.2　运动机理

多旋翼飞行器依靠转子带动螺旋桨提供的推力来实现在三维空间中的运动。通过合理布局转子的排列位置，就可以产生飞行器所需的推力和力矩。本节以标准平面布局的多旋翼飞行器为例来说明多旋翼飞行器的运动模式和运动机理。

多旋翼飞行器可以等效为具备 6 个自由度的刚体，在空中具备 3 个旋转自由度和 3 个平移自由度。旋转自由度是指飞行器能够绕轴做旋转运动，使其机体姿态发生变化，包括横滚（绕 y_b 轴旋转）、俯仰（绕 x_b 轴旋转）和偏航（绕 z_b 轴旋转）（图2.4）。平移自由度是指飞行器能够沿着轴线做平移运动，具体包括前后移动（沿 y_e 轴平移）、左右移动（沿 x_e 轴平移）和上下移动（沿 z_e 轴平移）。一般而言，飞行器在空中实现稳定悬停，至少需要 3 个自由度的独立力矩控制和 1 个自由度的垂直高度控制。

常用于描述飞行器姿态旋转的方法有欧拉法、旋转矩阵法和四元数法。欧拉角度是飞行器从当前姿态分别绕三个轴旋转达到期望姿态，具体可以用三个角度来表示[19]。四元数法是飞行器从当前姿态旋转到期望姿态时利用一个空间虚拟轴来旋转，具体可用具有四个参数的超复数来表达[117]。

图2.4描述了一个四旋翼飞行器在大地坐标系中的位置及姿态。令右手坐标系 $\{O_e : x_e\text{-}y_e\text{-}z_e\}$ 表示大地坐标系 $\mathscr{F}_e$，z_e 的方向与重力的方向相反；右手坐标系 $\{O_b : x_b\text{-}y_b\text{-}z_b\}$ 表示机体坐标系 $\mathscr{F}_b$，O_b 固定于飞行器的质心处，z_b 的方向垂直于机体平面向上，y_b 的方向指向飞行器的机头方向。转子 i 产生的推力表示为 $T_i(i = 1, 2, 3, 4)$。转子 1 和转子 3 按照逆时针方向转动，称为 N 转子；转子 2 和转子 4 按照顺时针方向转动，称为 P 转子。这种转子配置的飞行器称为 PNPN 型飞行器。

使用欧拉角描述飞行器机体姿态的旋转要用到三个角，分别是横滚角、俯仰角和偏航角。机体坐标系 $\mathscr{F}_b$ 的轴 O_bz_b 在大地坐标系 $O_e : z_ex_e$ 平面的投影与轴 O_ez_e 的夹角定义为横滚角 ϕ。机体坐标系 $\mathscr{F}_b$ 的轴 O_by_b 在大地坐标系 $O_e : y_ez_e$ 平面的投影与轴 O_ex_e 的夹角定义为俯仰角 θ。机体坐标系 $\mathscr{F}_b$ 的轴 O_bx_b 在 $O_e : x_ey_e$ 平面上的投影与轴 O_ex_e 的夹角定义为偏航角 ψ。按照旋转顺序 z_b 轴 $\rightarrow y_b$ 轴 $\rightarrow x_b$ 轴，由大地坐标系 $\mathscr{F}_e$ 到机体坐标系 $\mathscr{F}_b$ 的旋转矩阵 $\boldsymbol{R}_e^b$ 可表示为

$$\boldsymbol{R}_e^b = \begin{bmatrix} \cos\psi\cos\theta & \sin\psi\cos\theta & -\sin\theta \\ \sin\phi\sin\theta\cos\psi - \cos\phi\sin\psi & \sin\phi\sin\theta\sin\psi + \cos\phi\cos\psi & \cos\theta\sin\phi \\ \cos\phi\sin\theta\cos\psi + \cos\phi\sin\psi & \cos\phi\sin\theta\sin\psi - \sin\phi\cos\psi & \cos\theta\cos\phi \end{bmatrix} \tag{2-8}$$

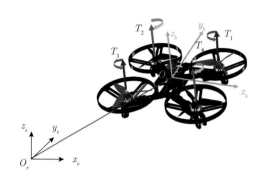

图 2.4 四旋翼飞行器模型示意图

由机体坐标系到大地坐标系的旋转可表示为 $\boldsymbol{R}_b^e = (\boldsymbol{R}_e^b)^{\mathrm{T}}$。在后续内容中，为了简化，将 $\boldsymbol{R}_b^e$ 记作 $\boldsymbol{R}$。需要注意的是，使用欧拉角描述飞行器机体姿态的旋转存在万向节锁死问题，也就是存在奇异性问题。对于大角度机动的飞行器，使用这种方法会出现一些不可预知的问题。

如图2.4所示，四旋翼飞行器通过控制转子 $i(i = 1, 2, 3, 4)$ 带动螺旋桨旋转，产生推力 T_i 和反转力矩 τ_{Mi}。在飞行控制系统中，通过独立控制四个转子的转速，即可实现对飞行器运动的控制，具体如下。

(1) 俯仰运动：飞行器绕 x_b 轴做旋转运动。在多旋翼飞行器悬停时，通过调节推力满足 $T_1 = T_4$，$T_2 = T_3$。当 $T_4 + T_3 > T_1 + T_2$ 时，飞行器绕 x_b 轴顺时针旋转；当 $T_4 + T_3 < T_1 + T_2$ 时，飞行器绕 x_b 轴逆时针旋转。

(2) 横滚运动：飞行器绕 y_b 轴做旋转运动。在多旋翼飞行器悬停时，通过调节推力满足 $T_1 = T_2$，$T_3 = T_4$。当 $T_1 + T_4 > T_2 + T_3$ 时，飞行器绕 y_b 轴顺时针旋转；当 $T_1 + T_4 < T_2 + T_3$ 时，飞行器绕 y_b 轴逆时针旋转。

(3) 偏航运动：飞行器绕 z_b 轴做旋转运动。偏航运动是通过调节转子的反转力矩来控制的。若 $\tau_{M1} + \tau_{M3} > \tau_{M2} + \tau_{M4}$，则飞行器顺时针旋转；若 $\tau_{M1} + \tau_{M3} < \tau_{M2} + \tau_{M4}$，则飞行器逆时针旋转。

(4) 上下运动：升降运动需要飞行器克服重力做功，四个转子产生的总推力 $f = T_1 + T_2 + T_3 + T_4$，与飞行器自身重量 mg 相等时，飞行器会悬停在空中。当 $f > mg$ 时，飞行器会向上做垂直运动；当 $f < mg$ 时，飞行器会向下做垂直运动。

(5) 前后运动：通过控制飞行器的俯仰角 θ 实现。当 $\theta \neq 0°$ 时，相对于大地坐标系，飞行器会产生一个水平分力 $f\sin\theta$，并且满足 $f\cos\theta = mg$。若 $f\sin\theta > 0$，则飞行器向前飞行；若 $f\sin\theta < 0$，则飞行器向后飞行。

(6) 左右运动：通过控制飞行器的横滚角 ϕ 实现。当 $\phi \neq 0°$ 时，相对于大地坐标系，飞行器会产生一个水平分力 $f\sin\phi$，并且满足 $f\cos\phi = mg$。若 $f\sin\phi > 0$，则飞行器向右飞行；若 $f\sin\phi < 0$，则飞行器向左飞行。

在多旋翼飞行器的 6 个运动自由度中，飞行器的俯仰和 y_e 轴平移运动是相互耦合的，也就是飞行器的俯仰角 θ 发生变化，就会导致飞行器沿着 y_e 轴移动。同样，飞行器的横滚和 x_e 轴平移是相互耦合的。所以，传统多旋翼飞行器是一个欠驱动、强耦合的系统。在飞行器的 6 个运动自由度中，只有 4 个自由度是可独立控制的。

2.2.3　动力学建模

本节基于牛顿-欧拉方程，建立多旋翼飞行器在大地坐标系 $\mathscr{F}_e$ 下的平移运动方程和在飞行器机体坐标系 $\mathscr{F}_b$ 下的旋转运动方程。在建立飞行器模型时，假设如下：

(1) 多旋翼飞行器是一个对称刚体；

(2) 多旋翼飞行器的质量 m 和转动惯量 $\boldsymbol{J}$ 固定；

(3) 多旋翼飞行器的机体坐标系 $\mathscr{F}_b$ 的原点 O_b 位于飞行器的几何中心处，且飞行器的几何中心与机体重心重合；

(4) 相对于大地坐标系 $\mathscr{F}_e$，多旋翼飞行器的位置表示为 $\boldsymbol{p} = [x, y, z]^{\mathrm{T}}$，飞行器的平移速度表示为 $\boldsymbol{v} = [v_x, v_y, v_z]^{\mathrm{T}}$；相对于机体坐标系 $\mathscr{F}_b$，飞行器的机体姿态表示为 $\boldsymbol{\eta} = [\phi, \theta, \psi]^{\mathrm{T}}$，飞行器的角速度表示为 $\boldsymbol{\omega} = [\omega_x, \omega_y, \omega_z]^{\mathrm{T}}$。

忽略空气阻力对飞行器的影响，作用在多旋翼飞行器上的力为转子提供总推力 F 和重力 mg。总推力表示为

$$F = \sum_{i=1}^{4} T_i = c_T \left(\sum_{i=1}^{4} \varpi_i^2 \right) \tag{2-9}$$

令合力 $\boldsymbol{f} = [0, 0, F]^{\mathrm{T}}$，$\boldsymbol{e}_3 = [0, 0, 1]^{\mathrm{T}}$。根据牛顿第二定律，飞行器的平移动力学方程为

$$m\dot{\boldsymbol{v}} = \boldsymbol{R}\boldsymbol{f} - mg\boldsymbol{e}_3 \tag{2-10}$$

由转子的分布偏移以及转子的反转力矩作用在飞行器机体上的力矩可表示为

$$\boldsymbol{\tau}_F = \begin{bmatrix} \dfrac{\sqrt{2}}{2}l(T_1 + T_4 - T_2 - T_3) \\ \dfrac{\sqrt{2}}{2}l(T_1 + T_2 - T_3 - T_4) \\ \displaystyle\sum_{i=1}^{4} \tau_{Mi} \end{bmatrix} = \begin{bmatrix} \dfrac{\sqrt{2}}{2}lc_T(\varpi_1^2 + \varpi_4^2 - \varpi_2^2 - \varpi_3^2) \\ \dfrac{\sqrt{2}}{2}lc_T(\varpi_1^2 + \varpi_2^2 - \varpi_3^2 - \varpi_4^2) \\ c_M(\varpi_1^2 + \varpi_3^2 - \varpi_2^2 - \varpi_4^2) \end{bmatrix} \tag{2-11}$$

其中，l 为多旋翼飞行器机臂的长度。

对于每个转子，都有一个旋转平面绕着电机轴旋转，这样会产生陀螺力矩 $\boldsymbol{\tau}_G$ 也作用在多旋翼飞行器的机体上，表示为

$$\boldsymbol{\tau}_G = \sum_{i=1}^{4} J_{\mathrm{prop}}(\boldsymbol{\omega} \times \boldsymbol{e}_3)(-1)^{i+1}\varpi_i = \begin{bmatrix} \sum_{i=1}^{4} J_{\mathrm{prop}}\omega_\phi(-1)^{i+1}\varpi_i \\ \sum_{i=1}^{4} J_{\mathrm{prop}}\omega_\theta(-1)^{i}\varpi_i \\ 0 \end{bmatrix} \tag{2-12}$$

根据式（2-12），对于平面布局的多旋翼飞行器，偏航运动的方向不产生陀螺力矩。

根据牛顿-欧拉方程，多旋翼飞行器的模型可表达为

$$\begin{aligned} \dot{\boldsymbol{p}} &= \boldsymbol{v} \\ m\dot{\boldsymbol{v}} &= \boldsymbol{R}\boldsymbol{f} - mg\boldsymbol{e}_3 \\ \dot{\boldsymbol{R}} &= \boldsymbol{R}\hat{\boldsymbol{\omega}} \\ \boldsymbol{J}\dot{\boldsymbol{\omega}} &= -\boldsymbol{\omega} \times \boldsymbol{J}\boldsymbol{\omega} + \boldsymbol{\tau} \end{aligned} \tag{2-13}$$

其中，$\boldsymbol{\tau} = \boldsymbol{\tau}_F + \boldsymbol{\tau}_G$；$\hat{\boldsymbol{\omega}}$ 为将向量 $\boldsymbol{\omega}$ 映射到其对应的反斜对称矩阵，表示为

$$\hat{\boldsymbol{\omega}} = \begin{bmatrix} 0 & -\omega_z & \omega_y \\ \omega_z & 0 & -\omega_x \\ -\omega_y & \omega_x & 0 \end{bmatrix} \tag{2-14}$$

需要注意的是，多旋翼飞行器的模型同时包含了大地坐标系 $\mathscr{F}_e$ 以及机体坐标系 $\mathscr{F}_b$。在机体坐标系 $\mathscr{F}_b$ 中，可以直观地反映推力的输出及方向。同时，飞行器机载传感器的测量值也是在机体坐标系中描述的。上述模型能够反映几乎所有的多旋翼飞行器的运动特性。如果要区分四旋翼或者六旋翼，则在后续的控制分配模型中可以体现。若要区分传统多旋翼与新型多旋翼，则在飞行器受力状态中体现。

2.3 多旋翼飞行器可控性分析

控制系统可控性的概念由卡尔曼 (Kalman) 提出，主要是通过检查能控性矩阵是否满秩来验证系统是否可控[118]。对于多旋翼飞行器，只有当飞行器在空中悬停时，才可以近似成一个线性系统，即

$$\dot{\boldsymbol{x}} = \boldsymbol{A}\boldsymbol{x} + \boldsymbol{B}(\boldsymbol{u} - \boldsymbol{g}) \tag{2-15}$$

其中，$\boldsymbol{x} \in \mathbb{R}^n$，$\boldsymbol{A} \in \mathbb{R}^{n \times n}$，$\boldsymbol{B} \in \mathbb{R}^{n \times m}$，$\boldsymbol{u} \in \mathbb{R}^m$。

根据可控性理论，所述控制系统可控的充要条件是矩阵 $\mathscr{C}(\boldsymbol{A}, \boldsymbol{B})$ 的秩为 n。但是，对于系统 (2-15)，当有转子失效时，原点不总是控制集的内点。因此，这种方法并不能判断多旋翼飞行系统的可控性。下面介绍一种基于飞行器力矩可达集的可控性判定方法，该方法能够更加直观地判定一个多旋翼飞行系统是否可控。

对于由 n 个转子组成的多旋翼飞行器，转子一般单向旋转，不采用换向控制。所以，每个转子产生的推力方向是不能改变的，只能提供单方向的推力，即 $\varpi_i \in [0, \varpi_{\max}]$。根据式 (2-13)，可得到一般多旋翼飞行器的动力学模型：

$$\begin{aligned} m\dot{\boldsymbol{v}} &= \boldsymbol{R}\boldsymbol{f} - mg\boldsymbol{e}_3 \\ \boldsymbol{J}\dot{\boldsymbol{\omega}} &= -\boldsymbol{\omega} \times \boldsymbol{J}\boldsymbol{\omega} + \boldsymbol{\tau} \end{aligned} \tag{2-16}$$

其中，$\boldsymbol{f} = \boldsymbol{B}_F\boldsymbol{u}$；$\boldsymbol{u} = [\varpi_1^2, \varpi_2^2, \cdots, \varpi_n^2]^{\mathrm{T}} \in \mathbb{R}_{\geqslant 0}^n$，$i = 1, 2, \cdots, n$。并且有 $\boldsymbol{u} \in \mathscr{U} = \prod_{i=1}^n [0, \varpi_i^2]$；矩阵 $\boldsymbol{B}_F \in \mathbb{R}^{3 \times n}$ 称为推力分配矩阵。矩阵 $\boldsymbol{B}_M \in \mathbb{R}^{3 \times n}$ 称为力矩分配矩阵，$\boldsymbol{\tau} = \boldsymbol{B}_M\boldsymbol{u}$。这样，就可以得到控制分配矩阵 $\boldsymbol{B} = [\boldsymbol{B}_F, \boldsymbol{B}_M]^{\mathrm{T}}$。需要注意的是，这种描述方式适用于任意转子数量的多旋翼飞行器，并且组成多旋翼飞行器的转子的位置相对于飞行器机架是固定的。

忽略空气阻力，n 个转子施加在飞行器上的推力的集合 $\mathcal{F}$ 为

$$\mathcal{F} = \{\boldsymbol{f} | \boldsymbol{f} = \boldsymbol{B}_F\boldsymbol{u}, \boldsymbol{u} \in \mathscr{U}\} \tag{2-17}$$

忽略空气阻力及陀螺力矩，n 个转子施加在飞行器上的力矩的集合 $\mathcal{T}$ 为

$$\mathcal{T} = \{\boldsymbol{\tau} | \boldsymbol{\tau} = \boldsymbol{B}_M\boldsymbol{u}, \boldsymbol{u} \in \mathscr{U}\} \tag{2-18}$$

以 DJI-450 四旋翼开发平台为例，飞行器具体参数如表2.1所示。可以在机体坐标系 $\mathscr{F}_b$ 中绘制出转子推力集合 $\mathcal{F}$ 和力矩集合 $\mathcal{T}$ 所包含的可达推力和力矩信息。图2.5描述了 DJI-450 飞行器的四个转子能提供的所有推力和力矩的集合在三维坐标系中的范围。图2.5(a) 描述了 DJI-450 飞行平台在机体坐标系下能够产生的力矩的集合。$\boldsymbol{z}_b$ 轴力矩是由转子的反转力矩产生的，$\tau_z \in [-0.196, 0.196]\mathrm{N \cdot m}$。$x_b$ 轴和 y_b 轴力矩是由转子安装位置的偏移产生的，$\tau_x \in [-2.318, 2.318]\mathrm{N \cdot m}$，$\tau_y \in [-2.318, 2.318]\mathrm{N \cdot m}$。如图2.5(b) 所示，该四旋翼平台仅能提供 $+\boldsymbol{z}_b$ 方向的推力，$f_z \in [0, 29.14]\mathrm{N}$。在 y_b 和 x_b 轴方向，产生的推力均为零。此时，原点 O_b 始终是集合 $\mathcal{F}$ 和 $\mathcal{T}$ 的内点。

推力和力矩是导致飞行器产生运动的原因。多旋翼飞行器在三维空间中需要抵消重力做功，即 $f_z > 0$。力矩用于保证飞行器平稳悬停。多旋翼飞行器在三维空间中维持平衡，需要 3 个旋转自由度都能够提供可控的力矩，即 $\tau_{x,\max} \neq 0$，$\tau_{y,\max} \neq 0$，$\tau_{z,\max} \neq 0$。对于确定质量的飞行器，动力系统能够提供的推力和力

表 **2.1** DJI-450 四旋翼飞行器开发平台参数

参数	数值	单位
多旋翼质量 m	1.5	kg
重力加速度 g	9.8	m/s^2
转动惯量矩阵	$J_{xx} = 0.01745$	m/s^2
$\mathbf{J} = \mathrm{diag}(J_{xx}, J_{yy}, J_{zz})$	$J_{yy} = 0.01745$	m/s^2
	$J_{zz} = 0.03175$	m/s^2
机臂长度 l	0.025	m
转子最大转速 $\varpi_{\max}$	812	rad/s
推力系数 c_T	0.00001105	$N \cdot s^2/rad^2$
反转力矩系数 c_M	0.0000001489	$N \cdot m \cdot s^2/rad^2$

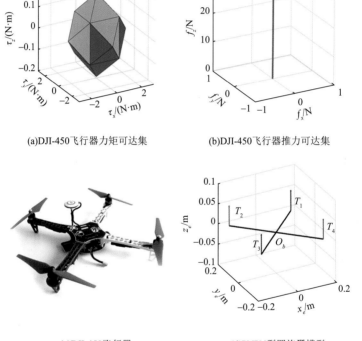

(a)DJI-450飞行器力矩可达集   (b)DJI-450飞行器推力可达集

(c)DJI-450飞行器   (d)PNPN型四旋翼模型

图 2.5 DJI-450 飞行器推力、力矩可达集表示

矩越大,飞行器就能产生越大的加速度,响应也会越快。因此,定义了一种更加简单、直观的方法来判定多旋翼飞行器的姿态稳定性与可控性。

$$\rho_M = \max\{\|O_b - u_m\|, u_m \in \partial\mathscr{F}\} \tag{2-19}$$

其中,u_m 为在集合 $\mathscr{F}$ 的边界上的点;$\partial\mathscr{F}$ 为力矩可达集的边界;ρ_M 为飞行器姿态的可控性指数,$\rho_M = 0$ 表示飞行器不可控,$\rho_M > 0$ 表示飞行器可控。

定理 2-1　对于多旋翼飞行器系统，姿态可控的充要条件是 $\rho_M > 0$。

证明　多旋翼飞行器由三个独立的力矩（τ_x、τ_y、τ_z）来控制飞行器的三个旋转自由度。多旋翼可控，则意味着这三个力矩是独立可控的，即 $\tau_x \in [-\tau_{x,\max}, \tau_{x,\max}]$，$\tau_y \in [-\tau_{y,\max}, \tau_{y,\max}]$，$\tau_z \in [-\tau_{z,\max}, \tau_{z,\max}]$。$\tau_{x,\max} \neq 0$，$\tau_{y,\max} \neq 0$，$\tau_{z,\max} \neq 0$ 分别是这三个方向能输出的最大力矩，则原点 O_b 一定是集合 $\mathcal{F}$ 的内点，集合 $\mathcal{T}$ 也一定是一个凸集，$\rho_M > 0$。

若条件 $\rho_M > 0$ 满足，则原点 O_b 是集合 $\mathcal{F}$ 的一个内点，集合 $\mathcal{T}$ 是一个凸集。对于任意给定的期望力矩 $\boldsymbol{\tau}_d$，总存在一组控制输入满足 $\boldsymbol{B}_M \boldsymbol{u} = \boldsymbol{\tau}_d$，此时有

$$\forall \boldsymbol{\tau}_d \in \mathbb{R}^3 \quad \exists \boldsymbol{u} \geqslant 0 \quad \text{s.t. } \boldsymbol{B}_M \boldsymbol{u} = \boldsymbol{\tau}_d \tag{2-20}$$

其中，$\boldsymbol{\tau}_d$ 为给定的期望力矩。此时，多旋翼飞行器的 3 个旋转自由度是分别可以独立控制的，即多旋翼飞行器的机体姿态是可控的。

需要注意的是，定理 2-1 仅仅说明了飞行器姿态可控的条件，包含了 3 个旋转自由度。可控性指数 ρ_M 表征了机体姿态的 3 个旋转自由度的可控情况，若多旋翼飞行器的动力充足，则 ρ_M 的值较大，对于相同质量的飞行器，ρ_M 越大，意味着飞行器有越充足的剩余动力来帮助飞行器调节姿态，飞行器的可控性也就越高。但是飞行器在空中稳定悬停，还需要考虑作用在飞行器上的合推力的大小。在飞行器悬停时，满足 $Rf_z = mg$。

2.3.1　转子旋转方向的影响

DJI-450 四旋翼飞行器是一个 PNPN 型的飞行器，在没有任何转子失效的情况下，飞行器是可控的，此时 $\rho_{M,\text{PNPN}} > 4$。若考虑四旋翼飞行器为 PPNN 型，则动力系统与 DJI-450 飞行器选择一样，这时飞行器的推力和力矩可达集表示如图2.6所示。

如图2.6(a) 所示，转子 1 和转子 2 顺时针旋转，分别产生推力 T_1 和 T_2。转子 3 和转子 4 逆时针旋转，产生推力 T_3 和 T_4。由转子作用在 PPNN 型飞行器机架上的力矩可以表示为

$$\boldsymbol{\tau} = \boldsymbol{B}_M \boldsymbol{u} = \begin{bmatrix} \dfrac{\sqrt{2}}{2}lc_T & -\dfrac{\sqrt{2}}{2}lc_T & -\dfrac{\sqrt{2}}{2}lc_T & \dfrac{\sqrt{2}}{2}lc_T \\ \dfrac{\sqrt{2}}{2}lc_T & \dfrac{\sqrt{2}}{2}lc_T & -\dfrac{\sqrt{2}}{2}lc_T & -\dfrac{\sqrt{2}}{2}lc_T \\ c_M & c_M & -c_M & -c_M \end{bmatrix} \begin{bmatrix} \varpi_1^2 \\ \varpi_2^2 \\ \varpi_3^2 \\ \varpi_4^2 \end{bmatrix} \tag{2-21}$$

相比于 PNPN 型四旋翼，PPNN 型四旋翼飞行器力矩分配矩阵 $\boldsymbol{B}_M$ 的第三行发生了变化。这种变化将会导致飞行器的偏航力矩与横滚力矩/俯仰力矩耦

合。如图2.6(c) 所示，PPNN 型四旋翼的力矩可达集是一个过原点 O_b 的平面。如图2.6(d) 所示，随着横滚力矩的增加，偏航力矩也会增加。这样飞行器就不能实现三个旋转自由度的独立控制，因此飞行器也是不可控的。此时，$\rho_{M,\text{PPNN}} = 0$，$\text{rank}(\boldsymbol{B}) = 3 < 4$。

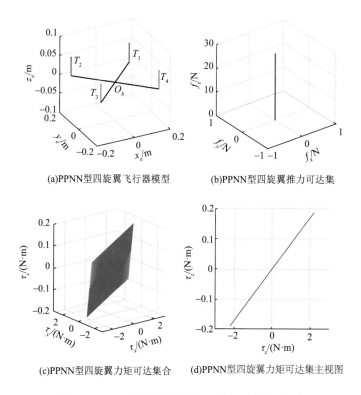

(a)PPNN型四旋翼飞行器模型　　　　(b)PPNN型四旋翼推力可达集

(c)PPNN型四旋翼力矩可达集合　　　(d)PPNN型四旋翼力矩可达集主视图

图 2.6 PPNN 型四旋翼推力、力矩可达集表示

2.3.2　机臂旋转的影响

转子产生的力矩 τ_x、τ_y、τ_z 分别控制多旋翼飞行器的横滚、俯仰和偏航运动。由图2.5可以看出，横滚力矩和俯仰力矩远远大于飞行器的偏航力矩。在衡量飞行器的抗风等性能时，这三个力矩的最小值往往决定了飞行器的抗风性能。

假设一四旋翼飞行器，选择与 DJI-450 相同的动力系统，转子布局方式为 PNPN 型，安装转子的机臂绕轴旋转角度为 $\alpha, \alpha \in \left(0, \dfrac{\pi}{2}\right)$。在机体坐标系 $\mathscr{F}_b$ 中，转子的位置选择与 DJI-450 飞行器布局一致，即 $\boldsymbol{d}_i = \boldsymbol{R}_z \left[\dfrac{\sqrt{2}}{2}l, \dfrac{\sqrt{2}}{2}, 0\right]^{\mathrm{T}}, i = 1, 2, 3, 4$。转子 1 和转子 3 绕轴顺时针旋转，转子 2 和转子 4 逆时针旋转。转子

提供的推力的方向相对于机体坐标系 $\mathscr{F}_b$ 表示为

$$\boldsymbol{x}_i = \boldsymbol{R}_z\left(\frac{\pi}{4} + \frac{\pi}{2}(i-1)\right)\begin{bmatrix} 0 \\ (-1)^{i-1}\sin\alpha \\ \cos\alpha \end{bmatrix}, \quad i = 1, 2, 3, 4 \tag{2-22}$$

其中，$\boldsymbol{R}_z(\star)$ 表示绕 z 轴旋转 $\star$ 角度的旋转矩阵。由转子施加在所述飞行器上的推力可表示为

$$\boldsymbol{f} = \sum_{i=1}^{4} T_i \boldsymbol{x}_i \tag{2-23}$$

由转子施加在所述飞行器上的力矩可表示为

$$\boldsymbol{\tau} = \sum_{i=1}^{4} T_i(\boldsymbol{d}_i \times \boldsymbol{x}_i) + \tau_{M,i}\boldsymbol{x}_i \tag{2-24}$$

图2.7分别展示了当 $\alpha = 10°$ 和 $\alpha = 30°$ 时，四旋翼模型的推力和力矩可达集。图2.7(a) 描述了当 $\alpha = 10°$ 时四旋翼的模型状态。此时，转子产生的推力 T_i 不再垂直于机体平面。转子产生的推力可以分解为垂直和水平两个方向的力，导致推力集合也是一个凸集，如图2.7(d) 所示。水平方向的推力也使得飞行器产生的 z 轴方向的偏航力矩增加，提升了飞行器的偏航运动控制能力，如图2.7(c) 所示。此时，飞行器的可控性指数 $\rho_{M,10} = 0.7316$。相比于 DJI-450 的可控性指数 $\rho_{M,450} = 0.196$，所述四旋翼的可控性显著提高。图2.7(b) 描述了当 $\alpha = 30°$ 时多旋翼的模型状态。此时，四旋翼飞行器的可控性指数为 $\rho_{M,30} = 1.7539$，飞行器的可控性进一步提升，偏航控制能力也进一步增强。

对比图2.5(b)、图2.7(d) 和图2.7(f)，当 α 从零开始增加时，飞行器的推力可达集也从一条直线逐渐变成一个椭圆形状。这也意味着飞行器能够提供的水平推力逐渐增加，相应的能输出的垂直方向的推力减小。

因此，在实际设计多旋翼飞行器时，为了提高多旋翼飞行器的抗风性能，会将机臂旋转一个固定的角度 α。将推力产生的水平推力用于增强飞行器的偏航力矩。相应地，多旋翼飞行器的可控性也会更高。需要注意的是，α 增大，会导致飞行器垂直分量推力减小，有可能造成飞行器不能起飞的情况；另外，α 增大，相邻转子产生的推力相互抵消的能量会增加，也会降低飞行器的续航时间。因此，具体的 α 值要根据飞行器的动力系统、质量以及对环境的要求综合考虑确定。

2.3.3　机臂倾斜的影响

在航拍、巡检及勘测等领域，需要多旋翼飞行器具备较好的加速性能。如果依靠飞行器机体倾斜产生的分力来加速飞行器，空气阻力的存在会导致飞行器加

速/减速响应缓慢。

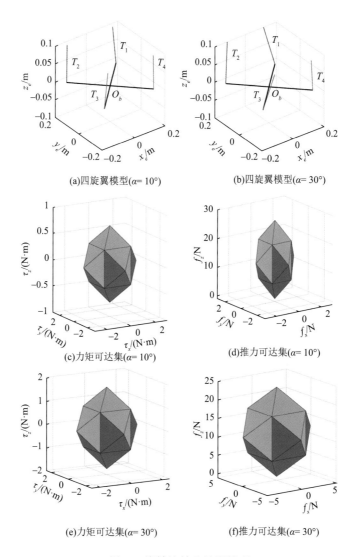

(a)四旋翼模型($\alpha= 10°$)　　　(b)四旋翼模型($\alpha= 30°$)

(c)力矩可达集($\alpha= 10°$)　　　(d)推力可达集($\alpha= 10°$)

(e)力矩可达集($\alpha= 30°$)　　　(f)推力可达集($\alpha= 30°$)

图 2.7 绕轴旋转多旋翼模型

　　假设一四旋翼飞行器动力系统与 DJI-450 飞行器一样，机臂上扬的角度为 β。转子 1 和转子 3 顺时针旋转，转子 2 和转子 4 逆时针旋转，则转子提供的推力的方向相对于机体坐标系 $\mathscr{F}_b$ 表示为

$$\boldsymbol{x}_i = \boldsymbol{R}_z\left(\frac{\pi}{4}+\frac{\pi}{2}(i-1)\right)\begin{bmatrix} \sin\beta \\ 0 \\ \cos\beta \end{bmatrix}, \quad i=1,2,3,4 \tag{2-25}$$

由转子施加在机架上的推力可以表示为

$$f = \sum_{i=1}^{4} T_i \boldsymbol{x}_i \tag{2-26}$$

由转子施加在机架上的力矩可以表示为

$$\boldsymbol{\tau} = \sum_{i=1}^{4} T_i(\boldsymbol{d}_i \times \boldsymbol{x}_i) + \boldsymbol{\tau}_{M,i}\boldsymbol{x}_i \tag{2-27}$$

假设 $\beta = -20°$，此时四旋翼飞行器机体模型示意图如图2.8(a) 所示，转子产生的推力与机体机臂之间的夹角为 $70°$。此时，转子产生的推力会产生一个水平分力，使得推力可达集变成一个凸集，如图2.8(d) 所示。这个水平的分力取决于转子与机体的夹角 β。由图2.8(c) 可以看出，这种改进方式也提高了飞行器的可控性，此时 $\rho_M = 0.1876$。

这种设计方式能够通过推力分配直接产生水平的加速度，使得飞行器的加速性能更强。在实际设计中，会选择机臂倾斜的方案，如大疆生产的用于影像航拍的 DJI-M600，图2.8(b) 所示。转子安装在机臂末端，倾斜的机臂使得转子产生的推力平行于机臂。这个水平推力可以通过控制分配算法来调节，相比于机体倾斜方案，响应速度会提高很多。

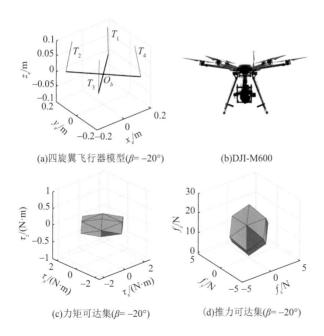

(a)四旋翼飞行器模型(β= $-20°$)　　　(b)DJI-M600

(c)力矩可达集(β= $-20°$)　　　(d)推力可达集(β= $-20°$)

图 2.8 机臂倾斜多旋翼飞行器模型

2.4　多旋翼飞行器结构容错性分析

当有转子失效后,多旋翼飞行器剩余转子的可重构性对降低飞行器的炸机风险、保护精密传感器的安全是极其重要的。本节系统地分析共面配置的多旋翼飞行器和非共面配置的多旋翼飞行器在发生转子失效后,剩余转子的可重构能力。

传统的多旋翼飞行器的所有转子按照几何正多边形顶点的位置均匀地配置在一个平面上,因此所提供的推力的合力是垂直机体向上的。飞行器在空间当中具备 6 个自由度,但是对于传统多旋翼来说只有 4 个自由度是独立可控的。所以说,传统的多旋翼飞行器是一个欠驱动、强耦合的系统。需要注意的是,飞行器在空间中能够实现稳定可控的悬停,至少需要 4 个独立可控的自由度。首先,做如下定义说明:

(1) 共面配置的多旋翼飞行器,即多旋翼飞行器所有转子的桨平面是平行的。

(2) 非共面配置的多旋翼飞行器,即多旋翼飞行器所有转子的桨平面是相互交叉的。

2.4.1　共面配置结构的容错性

多旋翼飞行器的可重构特性主要取决于转子的分布位置和数量[115],而且传统的四旋翼飞行器不具备可重构特性。虽然传统的四旋翼飞行器不具备结构可重构特性,但是当出现转子失效以后,可以对其进行降级控制,一般而言是牺牲了偏航控制[119,120]。传统的六旋翼飞行器的可重构性取决于转子顺时针旋转 (P) 和逆时针旋转 (N) 的顺序。对于 PNPNPN 构型的六旋翼飞行器,任意一个转子失效以后,飞行器就失去了可重构能力,而对于 PPNNPN 构型的六旋翼飞行器,部分转子失效以后,飞行器是具备可重构能力的[121]。除了常见的四旋翼和六旋翼,还存在三旋翼、五旋翼、八旋翼等,而这些多旋翼的可重构特性又是不一样的。为此,本节提出一种更加简便的方法来判断不同类型的旋翼飞行器的可重构特性。

飞行器稳定悬停在空中时的状态称为飞行器的稳定悬停状态,此时

$$\dot{\boldsymbol{p}} = 0, \quad \ddot{\boldsymbol{p}} = 0, \quad \boldsymbol{\omega} = 0, \quad \dot{\boldsymbol{\omega}} = 0 \tag{2-28}$$

根据定理 2-1,得到如下引理。

引理 2-1　判断多旋翼飞行器能够达到稳定悬停状态的必要条件是:

(1) $\mathrm{rank}(\boldsymbol{B}) \geqslant 4$;

(2) $\exists \boldsymbol{u} \in (\ker(\boldsymbol{B}_M) \cap \mathbb{R}^n_{>0})$ s.t. $u \notin \ker(\boldsymbol{B}_F)$。

首先定义转子失效系数 $\sigma_i(i = 1, 2, \cdots, n)$。$\sigma_i = 1$ 表示第 i 个转子完全正常;$\sigma_i = 0$ 表示第 i 个转子完全失效。根据任意一个转子失效以后,剩余转子是

否能通过新的动力分配方式来实现飞行器的"稳定悬停"状态，将多旋翼结构分为以下三类：

(1) 可重构性结构。飞行器的任意一个转子失效以后，剩余转子通过一定的动力重新分配，使得飞行器重新实现"稳定的悬停"。

(2) 部分可重构性结构。飞行器的部分转子中的任意一个失效以后，剩余转子通过动力重新分配，使得飞行器重新实现"稳定的悬停"。但是其余的转子中的任意一个转子失效以后，飞行器不能实现"稳定的悬停"。

(3) 脆弱的结构。飞行器的任意一个转子失效以后，剩余转子的动力无论怎么重新分配，都不能使得飞行器实现"稳定的悬停"。

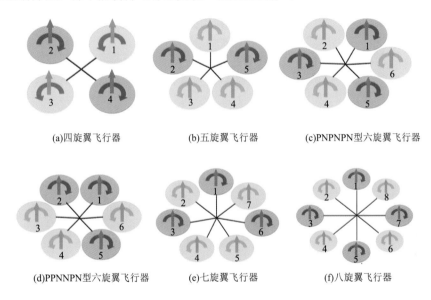

(a)四旋翼飞行器　　　(b)五旋翼飞行器　　　(c)PNPNPN型六旋翼飞行器

(d)PPNNPN型六旋翼飞行器　　　(e)七旋翼飞行器　　　(f)八旋翼飞行器

图 2.9 共面配置结构的多旋翼飞行器

根据引理 2-1，传统四旋翼飞行器的任意一个转子失效以后，$\sigma_i = 0$，$i = 1,2,3,4$。此时，$\mathrm{rank}(\boldsymbol{B}) = 3$，不存在 u 在集合 $(\ker(\boldsymbol{B}_M) \cap \mathbb{R}^n_{>0})$ 中。根据定理 2-1，$\rho = 0$。因此，对四旋翼飞行器而言，任意转子失效以后，飞行器是不可控的。

对传统的五旋翼飞行器而言，模型示意图如图2.9(b) 所示。转子失效后，飞行器的可控性见表2.2。当转子 1、转子 2、转子 5 中的任意一个失效以后，飞行器不可控。但是，当转子 3 和转子 4 中的任意一个失效以后，飞行器仍可控。因此，传统共面配置方式的五旋翼飞行器属于部分"可重构性结构"。

对于 PNPNPN 型六旋翼飞行器，模型示意图如图2.9(c) 所示。转子失效后，飞行器的可控性见表2.3。当任意转子失效以后，飞行器都是不可控的。因此，共面配置的 PNPNPN 型六旋翼飞行器属于"脆弱的结构"。

表 2.2 五旋翼飞行器可重构性分析

失效转子	秩	可控性指数
$\sigma_1 = 0$	$\text{rank}(\boldsymbol{B}) = 3$	$\rho_M = 0$
$\sigma_2 = 0$	$\text{rank}(\boldsymbol{B}) = 3$	$\rho_M = 0$
$\sigma_3 = 0$	$\text{rank}(\boldsymbol{B}) = 4$	$\rho_M = 0.196$
$\sigma_4 = 0$	$\text{rank}(\boldsymbol{B}) = 4$	$\rho_M = 0.196$
$\sigma_5 = 0$	$\text{rank}(\boldsymbol{B}) = 3$	$\rho_M = 0$

表 2.3 PNPNPN 型六旋翼飞行器可重构性分析

失效转子	秩	可控性指数
$\sigma_1 = 0$	$\text{rank}(\boldsymbol{B}) = 3$	$\rho_M = 0$
$\sigma_2 = 0$	$\text{rank}(\boldsymbol{B}) = 3$	$\rho_M = 0$
$\sigma_3 = 0$	$\text{rank}(\boldsymbol{B}) = 3$	$\rho_M = 0$
$\sigma_4 = 0$	$\text{rank}(\boldsymbol{B}) = 3$	$\rho_M = 0$
$\sigma_5 = 0$	$\text{rank}(\boldsymbol{B}) = 3$	$\rho_M = 0$
$\sigma_6 = 0$	$\text{rank}(\boldsymbol{B}) = 3$	$\rho_M = 0$

对于 PPNNPN 型六旋翼飞行器,模型示意图如图2.9(d) 所示。任意一个转子失效后,飞行器的可控性见表2.4。转子 1、转子 2、转子 3、转子 4 中的任意一个失效后,飞行器是可控的。转子 5 和转子 6 失效后,飞行器是不可控的。因此,这种结构属于"部分可重构性结构"。

表 2.4 PPNNPN 型六旋翼飞行器可重构性分析

失效转子	秩	可控性指数
$\sigma_1 = 0$	$\text{rank}(\boldsymbol{B}) = 4$	$\rho_M = 0.196$
$\sigma_2 = 0$	$\text{rank}(\boldsymbol{B}) = 4$	$\rho_M = 0.196$
$\sigma_3 = 0$	$\text{rank}(\boldsymbol{B}) = 4$	$\rho_M = 0.196$
$\sigma_4 = 0$	$\text{rank}(\boldsymbol{B}) = 4$	$\rho_M = 0.196$
$\sigma_5 = 0$	$\text{rank}(\boldsymbol{B}) = 3$	$\rho_M = 0$
$\sigma_6 = 0$	$\text{rank}(\boldsymbol{B}) = 3$	$\rho_M = 0$

对于共面配置型七旋翼飞行器,模型示意图如图2.9(e) 所示。任意一个转子失效后,飞行器的可控性见表2.5。任意一个转子失效后,飞行器仍然是可控的。可见,这种共面配置的七旋翼飞行器属于"鲁棒性结构",即"可重构性结构"。

对于共面配置型八旋翼飞行器,模型示意图如图2.9(f) 所示。任意一个转子失效后,飞行器的可控性见表2.6。任意一个转子失效后,飞行器仍然是可控的。可见,这种共面配置的八旋翼飞行器属于"鲁棒性结构"。

根据以上分析,对于共面配置的多旋翼飞行器,要实现"鲁棒性结构",至少需要 7 个转子。

表 2.5 七旋翼飞行器可重构性分析

失效转子	秩	可控性指数
$\sigma_1 = 0$	$\text{rank}(\boldsymbol{B}) = 4$	$\rho_M = 0.245$
$\sigma_2 = 0$	$\text{rank}(\boldsymbol{B}) = 4$	$\rho_M = 0.245$
$\sigma_3 = 0$	$\text{rank}(\boldsymbol{B}) = 4$	$\rho_M = 0.245$
$\sigma_4 = 0$	$\text{rank}(\boldsymbol{B}) = 4$	$\rho_M = 0.245$
$\sigma_5 = 0$	$\text{rank}(\boldsymbol{B}) = 4$	$\rho_M = 0.245$
$\sigma_6 = 0$	$\text{rank}(\boldsymbol{B}) = 4$	$\rho_M = 0.245$
$\sigma_7 = 0$	$\text{rank}(\boldsymbol{B}) = 4$	$\rho_M = 0.245$

表 2.6 八旋翼飞行器可重构性分析

失效转子	秩	可控性指数
$\sigma_1 = 0$	$\text{rank}(\boldsymbol{B}) = 4$	$\rho_M = 0.294$
$\sigma_2 = 0$	$\text{rank}(\boldsymbol{B}) = 4$	$\rho_M = 0.294$
$\sigma_3 = 0$	$\text{rank}(\boldsymbol{B}) = 4$	$\rho_M = 0.294$
$\sigma_4 = 0$	$\text{rank}(\boldsymbol{B}) = 4$	$\rho_M = 0.294$
$\sigma_5 = 0$	$\text{rank}(\boldsymbol{B}) = 4$	$\rho_M = 0.294$
$\sigma_6 = 0$	$\text{rank}(\boldsymbol{B}) = 4$	$\rho_M = 0.294$
$\sigma_7 = 0$	$\text{rank}(\boldsymbol{B}) = 4$	$\rho_M = 0.294$
$\sigma_8 = 0$	$\text{rank}(\boldsymbol{B}) = 4$	$\rho_M = 0.294$

2.4.2　非共面配置结构的容错性

接下来考虑非共面配置的多旋翼飞行器，假设转子分别绕轴旋转角度 $\alpha = 20°$，机臂上扬角度为 $\beta = 20°$。分别考虑非共面配置的四旋翼飞行器、非共面配置的五旋翼飞行器以及非共面配置的六旋翼飞行器，所有飞行器仍然采用与 DJI-450 相同的动力系统。

对于非共面配置的四旋翼飞行器，任意一个转子失效后，飞行器的推力、力矩示意图如图2.10所示。转子失效后的力矩可达集如图2.10(b) 所示。图2.10(a) 表示原点在力矩集合 $\mathcal{F}$ 的表面上。此时，$\text{rank}(\boldsymbol{B}) = 3$，$\rho_M = 0$。因此，对于这种非共面配置的四旋翼飞行器，任意一个转子失效后，飞行器仍然是不可控的。

非共面配置的五旋翼飞行器的模型示意图如图2.11(a) 所示。转子 1 和转子 3 绕轴顺时针旋转 20°，转子 2、转子 4 和转子 5 绕轴逆时针旋转 20°。同时，所有转子的机臂倾斜 20°，即 $\beta = 20°$。转子 i（$i = 1, 2, \cdots, 5$）失效后，剩余转子施加在飞行器上的力矩可达集如图2.11(b)~(f) 所示。对于非共面配置的五旋翼飞行器，任意一个转子失效以后，飞行器仍然是可控的。需要注意的是，转子 1 和转子 3 分别失效后，飞行器的可重构能力最低。转子 2、转子 4 和转子 5 失效后，飞行器的可重构能力比较高。

在这里非共面配置的六旋翼飞行器采用 PNPNPN 布局方案，飞行器的模型示意图如图2.12(a) 所示。转子 1、转子 3、转子 5 的机臂绕轴顺时针旋转 20°，转子 2、转子 4 和转子 6 的机臂绕轴逆时针旋转 $20°$。所有机臂上扬 $20°$，即 $\beta = 20°$。所述非共面配置的六旋翼飞行器的结构是对称的。因此，任意一个转子失效后的情况是一样的。假设转子 1 失效，即 $\sigma_1 = 0$。剩余转子能提供的力矩可达集的示意图如图2.12(b)所示。因此，这种非共面配置的六旋翼飞行器也属于"鲁棒性结构"。

综上所述，非共面配置的多旋翼飞行器，要实现完全"鲁棒性结构"，至少需要 5 个转子。这种方案相比于共面配置的多旋翼方案，减少了 2 个转子。但是，非共面配置的多旋翼飞行器在提升自身结构容错性的同时，能量损耗也增加。这是由于非共面配置会造成转子之间的内力抵消。因此，在实际设计中，要根据具体设计要求，选择合适的设计方案。

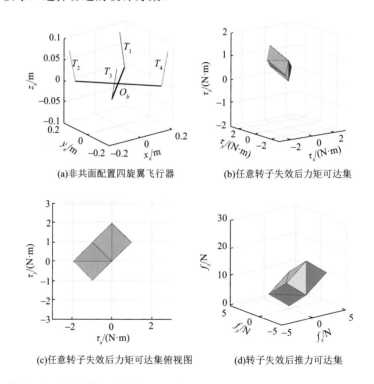

(a)非共面配置四旋翼飞行器

(b)任意转子失效后力矩可达集

(c)任意转子失效后力矩可达集俯视图

(d)转子失效后推力可达集

图 2.10 非共面配置构型的四旋翼飞行器任意一个转子失效后力矩、推力可达集示意图

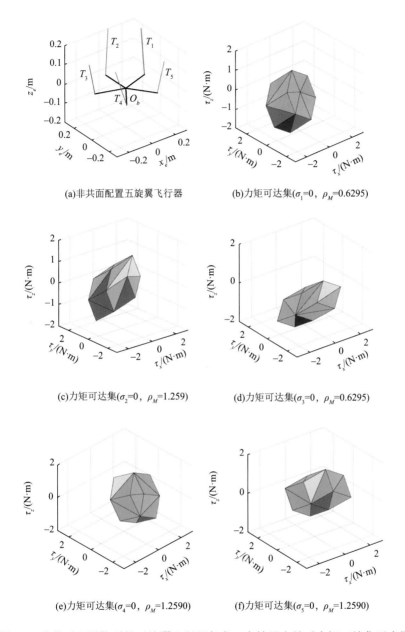

(a)非共面配置五旋翼飞行器　　　　　(b)力矩可达集($\sigma_1=0$, $\rho_M=0.6295$)

(c)力矩可达集($\sigma_2=0$, $\rho_M=1.259$)　　　(d)力矩可达集($\sigma_3=0$, $\rho_M=0.6295$)

(e)力矩可达集($\sigma_4=0$, $\rho_M=1.2590$)　　　(f)力矩可达集($\sigma_5=0$, $\rho_M=1.2590$)

图 2.11 非共面配置构型的五旋翼飞行器任意一个转子失效后力矩可达集示意图

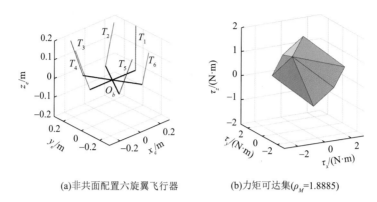

(a)非共面配置六旋翼飞行器   (b)力矩可达集(ρ_M=1.8885)

图 2.12 非共面配置构型的六旋翼飞行器任意一个转子失效后力矩可达集示意图

2.5 本 章 小 结

本章首先介绍了传统多旋翼飞行器的基本组成和运动机理,然后根据牛顿-欧拉方程,建立了多旋翼飞行系统的动力学和运动学方程。针对多旋翼飞行器转子失效后剩余转子可重构能力进行分析,提出了一种基于力矩可达集的方法,能够更加直接地反映多旋翼飞行器的可控性以及当出现转子失效后飞行器的可重构能力。最后基于该方法,系统地分析了当前常见的 6 种共面配置结构的多旋翼飞行器和 3 种非共面配置的多旋翼飞行器中的任意一个转子失效后,剩余转子的可重构能力,为后续章节中设计不同任务类型的多旋翼飞行器提供理论支撑。

第 3 章 大角度机动矢量四旋翼飞行器及其 5D 轨迹跟踪控制

3.1 引　　言

传统的多旋翼飞行器，由于多旋翼的位置控制与姿态控制相互耦合，要实现位置的改变，必须改变飞行器的姿态。如果要实现更大的加速度，则飞行器机体需要产生一个更大的倾角。越大的倾角意味着飞行器前飞时与空气接触的面积越大，导致越大的空气阻力。飞行器在前飞时与空气产生的摩擦阻力做功是造成飞行器能量损耗的一个重要因素[122]。为了减小机体受到的空气阻力，在设计时必须通过计算流体力学（computational fluid dynamics, CFD）仿真来优化机体的阻力系数[123,124]。尤其对于竞速型 FPV（第一人称视角）四旋翼，其机体形状和风阻系数对飞行器性能的影响更为重要。

在实际任务中，飞行器并不需要一直处于飞行模式，可以多种运动模式结合，这样更有助于减小飞行器的能量损耗，增加飞行器执行任务的时间。文献 [125]～[127] 提出了将地面行驶与飞行功能结合的新型多旋翼飞行器。相比于空中悬停做功，地面行驶功能消耗的能量更少。地面行驶功能既能增强飞行器的野外生存能力，也能提升飞行器的有效执行任务时间。文献 [128] 通过给无人飞行器机体底部安装机械夹爪，使得飞行器能够模拟鸟类实现空中栖息功能，从而减少飞行器滞空后能量消耗。除了使用机械夹爪，文献 [129] 还提出了一种使用黏合材料来使得飞行器吸附在垂直的墙体表面的方案，从而增加飞行器的滞空时间。

在巡检领域，云台相机常常与飞行器组合使用。在第 2 章已经分析，传统的平面布局的多旋翼无人飞行器在空中仅能实现 4D（升降运动、横滚运动、俯仰运动、偏航运动）轨迹跟踪任务，前后平移运动与左右平移运动依赖于飞行器的横滚运动和俯仰运动。在实际执行任务中，既要求飞行器在定点悬停的状态下要采集到各个方向的信息，也要求飞行器在平移运动时能够灵活地调整传感器的朝向。使用云台的主要原因是实现对被测物各方向的检测，这样就可以弥补传统多旋翼飞行器欠驱动特性的不足。但是，使用云台也给飞行器带来两个非常严重的问题：①云台一般由 3 个关节组成，每个关节处有一个直流无刷电机，机械结构与控制都非常复杂。除了给飞行器带来了额外的负载，也降低了飞行器的续航时间。②云台自身受到万向节锁死的限制，不能实现大角度俯仰运动。为此，云台俯仰角的范围一般在 $-20°\sim100°$。例如，在对隧道这种需要内部空间检测的场景中，多旋翼的这种限制就会导致巡检时出现巡检盲区。

　　本章的内容安排如图3.1所示，利用倾转结构的矢量驱动原理，优化飞行器的机架拓扑结构，设计一种具备大角度机动能力的矢量四旋翼飞行器。相比于标准四旋翼飞行器，所述矢量四旋翼飞行器增加了三种新型的运动方式：地面行驶、矢量飞行和倾转悬停。重点分析飞行器传统飞行模式与矢量飞行模式相比的能量损耗；基于牛顿-欧拉方程建立飞行器的运动学模型和动力学模型；所述矢量四旋翼飞行器实现了俯仰运动和 y 轴平移运动的解耦，横滚运动与 x 轴平移运动仍然是耦合的。因此，所述四旋翼飞行器在三维空间中具备跟踪 5D 轨迹的能力，当机体俯仰角大角度倾斜时，仍然可以保证飞行器的位置不发生改变。针对飞行器的这种大角度运动特性，设计一种基于非线性模型预测控制器的大角度轨迹跟踪策略，解决飞行器在大角度机动时非线性特性给飞行器带来的振荡问题，同时能保证飞行器的能耗最少。制作实验样机验证所述优化方法和控制策略的有效性。

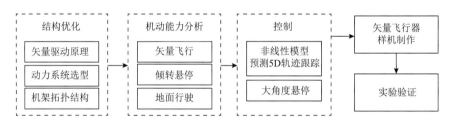

图 3.1 本章内容安排 (矢量四旋翼飞行器 5D 轨迹跟踪)

　　本章的内容安排如下：3.2 节描述矢量四旋翼飞行器的结构设计方案，并具体分析几种运动模式的运动机理；3.3 节介绍飞行器的控制框架，包括大角度姿态控制器和轨迹跟踪控制器；样机制作和实验验证在 3.4 节介绍，验证飞行器的倾转悬停、轨迹跟踪和地面行驶的能力；3.5 节对本章内容进行小结。

3.2　结构设计与运动机理分析

3.2.1　结构设计

　　矢量四旋翼机械结构如图3.2(a) 所示，包括 4 个直流无刷电机、2 个伺服舵机和机体框架。直流无刷电机 5 和直流无刷电机 6 固定在机臂 11 上，机臂 11

通过齿轮传动机构 9 驱动。齿轮传动机构由一个伺服舵机和两个减速比为 1∶1 的齿轮组成。传动机构 9 带动机臂 11 旋转，用于控制电机 5 和电机 6 产生的推力与机体的夹角 γ_1 在 $(-\pi/2, \pi/2)$ 变化。当产生的推力与机体垂直时，$\gamma_1 = 0$。直流无刷电机 7 和直流无刷电机 8 固定在机臂 12 上，机臂 12 由齿轮传动机构 10 来驱动。传动机构 10 通过伺服舵机传动来改变直流无刷电机 7 和直流无刷电机 8 产生的推力与机体的方向夹角 $\gamma_2 \in (-\pi/2, \pi/2)$。齿轮传动机构如图3.2(b) 所示，一个伺服舵机的出轴上固定了一个齿轮，另一个齿轮同轴固定在机臂上，两个齿轮啮合配合。齿轮采用了模数为 1、齿数为 32 的正齿轮。多旋翼采用的螺旋桨为定桨距的螺旋桨，转子采用直流无刷电机，直流无刷电机的转速为 ϖ_i $(i = 1, 2, 3, 4)$。矢量四旋翼飞行器的机体主要由碳纤维材料制成，连接杆和机臂由碳纤维杆加工而成，其他连接件和齿轮则由 3D 打印制作完成。

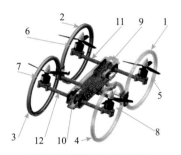

(a)矢量四旋翼机械结构示意图
（1~4指轮毂，1-右前轮，2-左前轮，
3-左后轮，4-右后轮；5~8指电机）

(b)齿轮传动机构示意图

图 3.2 矢量四旋翼飞行器结构示意图

螺旋桨安装在直流无刷电机上,通过直流无刷电机的转动产生推力 $T_i = c_T \varpi_i^2$ 和反转扭矩 $\tau_{M,i} = c_M \varpi_i^2$。四个直流无刷电机作用在机体上的合力 $\boldsymbol{f} \in \mathbb{R}^3$ 表示为

$$\boldsymbol{f} = \begin{bmatrix} f_x \\ f_y \\ f_z \end{bmatrix} = \begin{bmatrix} 0 \\ c_T(\varpi_1^2 + \varpi_2^2)\sin\gamma_1 + c_T(\varpi_3^2 + \varpi_4^2)\sin\gamma_2 \\ c_T(\varpi_1^2 + \varpi_2^2)\cos\gamma_1 + c_T(\varpi_3^2 + \varpi_4^2)\cos\gamma_2 \end{bmatrix} \tag{3-1}$$

需要注意的是，合力 $\boldsymbol{f}$ 的第二项是不为零的。第二项 f_y 表示合力的水平方向的分力，第三项 f_z 表示合力的垂直方向的分力。而对于传统的多旋翼无人飞行器，合力 $\boldsymbol{f}$ 的前两项都是零。因此，所设计的矢量四旋翼飞行器在 y_b 轴方向能实现对飞行器位置的独立控制，即相比于传统多旋翼具备的 4 个运动自由度，所设计的矢量四旋翼飞行器的运动自由度增加到 5 个。

由螺旋桨的推力产生的力矩 $\boldsymbol{\tau}_1$ 可表示为

$$\boldsymbol{\tau}_1 = \begin{bmatrix} \frac{1}{2}l_1c_T[(\varpi_4^2 - \varpi_3^2)\sin\gamma_2 + (\varpi_1^2 - \varpi_2^2)\sin\gamma_1] \\ \frac{1}{2}l_2c_T[(\varpi_4^2 + \varpi_3^2)\sin\gamma_2 - (\varpi_1^2 + \varpi_2^2)\sin\gamma_1] \\ 0 \end{bmatrix} \tag{3-2}$$

其中，l_1 为机臂的长度；l_2 为两个机臂的垂直距离。四个转子施加在飞行器上的反转力矩 $\boldsymbol{\tau}_2$ 可表示为

$$\boldsymbol{\tau}_2 = \begin{bmatrix} c_m[(\varpi_4^2 - \varpi_3^2)\sin\gamma_2 - (\varpi_2^2 - \varpi_1^2)\sin\gamma_1] \\ 0 \\ c_m[(\varpi_4^2 - \varpi_3^2)\cos\gamma_2 - (\varpi_2^2 - \varpi_1^2)\cos\gamma_1] \end{bmatrix} \tag{3-3}$$

除了力矩 $\boldsymbol{\tau}_1$ 和 $\boldsymbol{\tau}_2$，施加在飞行器上的力矩还有陀螺力矩。但是，陀螺力矩相比于 $\boldsymbol{\tau}_1$ 和 $\boldsymbol{\tau}_2$ 非常小，可以忽略不计。

3.2.2　运动模式分析

1. 矢量飞行功能分析

矢量飞行，就是飞行器机体姿态保持水平，仅依靠转子产生的水平推力来产生前飞的加速度。本节以一个外形和动力系统与所述矢量四旋翼飞行器完全一样的传统四旋翼飞行器作比较，用于分析矢量四旋翼飞行器（图3.3(b)）和传统四旋翼飞行器（图3.3(a)）产生相同的空中水平加速度所损耗的能量。

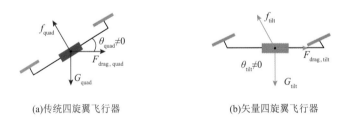

(a)传统四旋翼飞行器　　　　　　　　　　　(b)矢量四旋翼飞行器

图 3.3 传统四旋翼飞行器与矢量四旋翼飞行器平飞时机体受力分析示意图

如图3.3(a) 所示，传统四旋翼飞行器在飞行时，需要机体倾斜来产生水平加速度，机体倾斜的角度越大，产生的加速度越大。但是，随着飞行器机体倾角 θ/ϕ 的增加，也会增加飞行器与空气的接触面积 S（单位为 m^2）。飞行器倾斜的俯仰角为 θ_{quad}，$\theta_{\mathrm{quad}} \neq 0$。令 f_{quad} 表示四个转子提供的合推力；$G_{\mathrm{quad}} = m_{\mathrm{quad}}g$，表示传统四旋翼飞行器受到的大地重力；$F_{\mathrm{drag,quad}}$ 表示空气阻力。则传统四旋

翼飞行器的受力为

$$\begin{cases} F_{\text{drag,quad}} = G_{\text{quad}} \tan \theta_{\text{quad}} \\ f = \dfrac{G_{\text{quad}}}{\cos \theta_{\text{quad}}} \end{cases} \tag{3-4}$$

在平移飞行时,传统四旋翼飞行器受到的空气阻力可以表示为

$$F_{\text{drag,quad}} = \frac{1}{2} c_d \rho v_{\text{quad}}^2 S_{\text{quad}} \tag{3-5}$$

其中, ρ 为大气密度; v_{quad} 为四旋翼飞行器的平飞速度; c_d 为四旋翼飞行器机体整体的阻力系数,该系数与飞行器的俯仰角 θ_{quad} 有关,具体可表示为

$$c_d = c_{d,v}(1 - \sin \theta_{\text{quad}}^3) + c_{d,h}(1 - \cos \theta_{\text{quad}}^3) \tag{3-6}$$

系数 $c_{d,v}$ 为飞行器俯仰角为 $0°$ 时四旋翼飞行器机体的阻力系数; $c_{d,h}$ 为四旋翼飞行器机体俯仰角为 $90°$ 时机体的阻力系数。可以看出,当 $\theta_{\text{quad}} = 0°$ 时, $c_d = c_{d,v}$;当 $\theta_{\text{quad}} = 90°$ 时, $c_d = c_{d,h}$ 。因此,对于传统四旋翼飞行器,水平加速度越大,需要克服的空气阻力就越大,能量损耗也就越高。在实际设计中,需要通过 CFD 仿真来不断优化飞行器的机体阻力系数。

矢量四旋翼飞行器在平飞时,可以通过伺服传动机构来调整推力与机体的夹角,以此产生水平分力,并且可以保持机体姿态水平 ($\theta_{\text{tilt}} = 0°$)。飞行器的受力分析如下 ($\gamma = \gamma_1 = \gamma_2$):

$$\begin{cases} F_{\text{drag,tilt}} = G_{\text{tilt}} \tan \theta_{\text{quad}} \\ f = \dfrac{G_{\text{quad}}}{\cos \theta_{\text{quad}}} \end{cases} \tag{3-7}$$

若要与传统四旋翼飞行器产生相同的平飞加速度,则 $\gamma = \theta_{\text{quad}}$, $\gamma = \gamma_1 = \gamma_2$ 。此时,阻力系数为 $c_d = c_{d,h}(1 - \cos \gamma^3)$ 。因此,传统四旋翼飞行器在空中加速获得相同的加速度要比矢量四旋翼飞行器承受更大的空气阻力,即 $F_{\text{drag,quad}} > F_{\text{drag,tilt}}$ 。相比于传统四旋翼飞行器的飞行模式,矢量飞行能能够减小飞行器在空中飞行时受到的空气阻力,从而降低飞行器的能耗,提升飞行器的续航时间。虽然伺服舵机的使用会使得飞行器的机械结构复杂度提升,但是在对飞行器续航时间有严格要求的场合,可以使用矢量飞行来减小空气阻力。

2. 倾转悬停功能分析

倾转悬停功能是指飞行器在空中定点悬停时可以改变姿态,即飞行器的位置保持固定,姿态可以任意调节。本章所提出的矢量四旋翼飞行器模型,由于两个伺服舵机控制机臂旋转的方向是一样的,仅能实现飞行器一个方向的解耦,也就

是飞行器的俯仰角和 y_b 轴的运动是可以独立控制的。但是飞行器的横滚角和 x_b 轴方向的运动仍然耦合。下面就飞行器单方向的解耦来说明倾转悬停功能的原理。

图3.4展示了矢量四旋翼飞行器倾转悬停功能。如图3.4(a) 所示，蓝色机体表示所述四旋翼飞行器水平悬停状态，蓝色视图区域表示飞行器在水平悬停时所能观察到的视角范围，橙色机体表示所述四旋翼飞行器顺时针旋转 θ_{max} 角度时的状态，橙色视图区域表示飞行器在顺时针倾转悬停状态下所能观察到的视角范围。如图3.4(b) 所示，蓝色机体表示所述四旋翼飞行器水平悬停状态，蓝色视图区域表示飞行器在水平悬停时所能观察到的视角范围，绿色机体表示所述四旋翼飞行器逆时针旋转 θ_{max} 角度时的状态，绿色视图区域表示飞行器在逆时针倾转悬停状态下所能观察到的视角范围。显而易见，对于传统多旋翼飞行器，在定点悬停时仅能观察到蓝色视图区域的范围。但是对于所设计的矢量四旋翼飞行器，在定点悬停状态下所能观察到的视角范围是橙色区域、蓝色区域和绿色区域的并集。因此，使用矢量四旋翼飞行器能够在巡检领域中极大地扩展所搭载传感器的可视域范围。

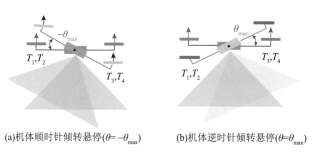

(a)机体顺时针倾转悬停($\theta=-\theta_{max}$)　　(b)机体逆时针倾转悬停($\theta=\theta_{max}$)

图 3.4 矢量四旋翼飞行器倾转悬停示意图

需要注意的是，倾转悬停功能的实现，意味着所设计的矢量四旋翼飞行器的俯仰角运动和 y 轴的平移运动实现了解耦。在实现飞行器定点控制的前提下，逐渐增加期望的俯仰角 θ_d，即可实现俯仰角的独立倾转控制。

3. 地面行驶功能分析

地面行驶功能是指飞行器能够模拟车辆在地面上运动。对于所述矢量四旋翼飞行器，轮毂 1、轮毂 2、轮毂 3 和轮毂 4 分别固定在机架的四角（图3.2(a)），这四个轮毂既在飞行器起飞、降落时起到支撑作用，也能够用于地面行驶功能。所述轮毂的内部与机架固定在一起，是不可活动的。轮毂的外侧是一圈塑料外框，可以与内部框架相对转动运动。在地面行驶时，四个转子产生的力可以分解为垂直于机体的 F_v 和平行于大地的 F_h。地面行驶则主要依靠四个转子提供的四个水平分力 $F_{h,i}, i=1,2,3,4$。此时有

$$
\begin{cases}
F_h = (T_1 + T_2) \sin \gamma_1 + (T_3 + T_4) \sin \gamma_2 \\
F_v = (T_1 + T_2) \cos \gamma_1 + (T_3 + T_4) \cos \gamma_2
\end{cases}
\tag{3-8}
$$

其中，$\gamma_1 \in (-90°, 90°)$，$\gamma_2 \in (-90°, 90°)$。在地面行驶时，为了防止飞行器起飞，必须同时保证 $F_v < mg$。利用四个电机的反转力矩以及电机转速的差速，即可在地面行驶中实现转向功能。

3.2.3　可控性分析

分析飞行器的可控性必须清楚飞行器所有的参数。所述矢量四旋翼飞行器所选用的动力系统以及机架尺寸参数如表3.1所示。直流无刷电机选用深圳市银燕模型技术有限公司（银燕公司）生产的 RS2306-2750KV，螺旋桨采用乾丰 5249 三叶桨。

表 3.1 矢量四旋翼飞行器参数

参数	数值	单位
多旋翼质量 m	1.2	kg
重力加速度 g	9.8	m/s^2
转动惯量矩阵 $\boldsymbol{J} = \mathrm{diag}(J_{xx}, J_{yy}, J_{zz})$	$J_{xx} = 0.03017$	m/s^2
	$J_{yy} = 0.03017$	m/s^2
	$J_{zz} = 0.05108$	m/s^2
机臂长度 l_1	0.02	m
机臂长度 l_2	0.02	m
转子最大转速 $\varpi_{\max}$	2488	rad/s
推力系数 c_T	1.77×10^{-6}	N · s^2/rad^2
反转力矩系数 c_M	1.69×10^{-8}	N · m · s^2/rad^2

当 $\gamma_1 = \gamma_2 = 0°$ 时，矢量四旋翼飞行器等效为普通的四旋翼飞行器，如图3.5所示。可以使用传统四旋翼飞行器的控制方法来控制。此时飞行器的可控性指数为 $\rho_{M,\text{tilt}} = 0.2028$，偏航运动依靠直流无刷电机自转产生的反转力矩，这个力矩是非常小的，因此飞行器的可控性受制于偏航力矩而比较小。

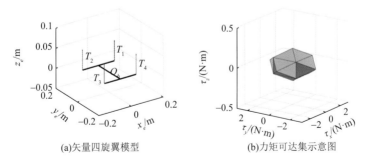

(a)矢量四旋翼模型　　　　　　　　(b)力矩可达集示意图

图 3.5 矢量四旋翼飞行器可控性评估 ($\gamma_1 = \gamma_2 = 0°$)

当 $\gamma_1 = \gamma_2 = -20°$ 时，矢量四旋翼飞行器就会产生水平方向的分力，此分力会使得飞行器的偏航控制力矩更大，如图3.6所示。此时，飞行器的可控性指数

为 $\rho_{M,\text{tilt}} = 0.7263$。需要注意的是，虽然可供飞行器偏航方向控制的力矩的余量更大，偏航力矩的增加量是由推力产生的水平分力决定的，此水平分力同时会导致飞行器水平方向产生位移，同时，直流无刷电机产生反转力矩也会在横滚运动方向产生分量。但是相比于推力的偏移产生的力矩，在横滚方向由反转力矩产生的分量是极小的，可以忽略。因此，当伺服角度 γ_1 和 γ_2 持续增加时，偏航运动方向的主要力矩也会变为由推力的水平分量产生的力矩。综上，依据所提出的可控性判断依据，飞行器在矢量飞行模式时，飞行器的可控性相比于传统四旋翼模式要高。

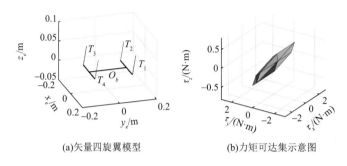

(a)矢量四旋翼模型　　　　　　(b)力矩可达集示意图

图 3.6 矢量四旋翼飞行器可控性评估 $(\gamma_1 = \gamma_2 = -20°)$

当飞行器处于倾转悬停模式时（图3.4），机身俯仰角 θ 越大，伺服舵机转动的角度 (γ_1, γ_2) 就越大。但是，相对于大地坐标系 $\mathscr{F}_e$，转子的推力始终是垂直向上的。对于飞行器偏航控制的力矩仍然是转子的反转力矩。此时，相比于传统的四旋翼飞行器，所述矢量四旋翼飞行器的可控性并没有提升。

当 $\gamma_1 = \gamma_2 = 90°$，并且 γ_1 和 γ_2 的角度是固定值时，四个转子所提供的推力就会投影到一条直线上，此时 $\rho_{M,\text{tilt}} = 0$，所述四旋翼飞行器是不可控的。但是当把 γ_1 和 γ_2 看成控制器的一个输入量时，γ_1 和 γ_2 的值根据控制器的输出会发生变化，即 $\gamma_1 = 90° + u_{\gamma_1}$ 和 $\gamma_2 = 90° + u_{\gamma_2}$。此时飞行器又是可控的。对于整个飞行器系统，控制量的输入就变为 6 个（4 个直流无刷电机的转速以及两个伺服舵机的角度）。因此，在考虑具备倾转结构的多旋翼飞行器的可控性时，当出现转子失效后，可以考虑加入伺服舵机的控制来提升飞行器的容错能力。

3.3　控制器设计

3.3.1　动力学模型

本节推导所述矢量四旋翼飞行器的六自由度非线性动力学模型。同欧拉角一样，使用四元数也可以描述刚体在三维空间中的旋转。所述动力学模型将基于四元数建立。单位四元数 $\boldsymbol{q}$ 由两部分组成，包括向量 $\boldsymbol{k}$ 和旋转角度 φ，即

$$\boldsymbol{q} = [q_0\ q_1\ q_2\ q_3]^{\mathrm{T}} = \begin{bmatrix} q_0 \\ \boldsymbol{q}_v \end{bmatrix} = \begin{bmatrix} \cos\left(\dfrac{\varphi}{2}\right) \\ \boldsymbol{k}\sin\left(\dfrac{\varphi}{2}\right) \end{bmatrix} \tag{3-9}$$

其中，$q_0 \in \mathbb{R}$ 属于标量部分；$\boldsymbol{q}_v \in \mathbb{R}^3$ 为向量部分。四元数的运算包括加减法、乘法、共轭、范数、求逆、除法，具体的运算规则可以参考文献 [130]，在这里仅介绍四元数的乘法和逆。四元数 $\boldsymbol{q}_a$ 和四元数 $\boldsymbol{q}_b$ 的乘法表示为

$$\boldsymbol{q}_a \otimes \boldsymbol{q}_b = \begin{bmatrix} q_{a,0}q_{b,0} - \boldsymbol{q}_{b,v}^{\mathrm{T}}\boldsymbol{q}_{a,v} \\ \boldsymbol{q}_{v,a} \times \boldsymbol{q}_{v,b} + q_{a,0}\boldsymbol{q}_{v,b} + q_{b,0}\boldsymbol{q}_{a,v} \end{bmatrix} = Q(\boldsymbol{q}_a)\boldsymbol{q}_b \tag{3-10}$$

其中

$$Q(\boldsymbol{q}_a) = \begin{bmatrix} q_{a,0} & -q_{a,1} & -q_{a,2} & -q_{a,3} \\ q_{a,1} & q_{a,0} & -q_{a,3} & q_{a,2} \\ q_{a,2} & q_{a,3} & q_{a,0} & -q_{a,1} \\ q_{a,3} & -q_{a,2} & q_{a,1} & q_{a,0} \end{bmatrix} \tag{3-11}$$

四元数 $\boldsymbol{q}$ 的逆 $\boldsymbol{q}^{-1}$ 表示为

$$\boldsymbol{q}^{-1} = \frac{\boldsymbol{q}^{\star}}{\|\boldsymbol{q}\|} \tag{3-12}$$

其中，$\boldsymbol{q}^{\star} = [q_0, -\boldsymbol{q}_v]^{\mathrm{T}}$ 为四元数 $\boldsymbol{q}$ 的共轭。

两个坐标系的旋转矩阵 $\boldsymbol{R}(\boldsymbol{q}) \in \mathrm{SO}(3)$ 用四元数可以表示为

$$\boldsymbol{R}(\boldsymbol{q}) = (q_0^2 - \boldsymbol{q}_v^{\mathrm{T}}\boldsymbol{q}_v)\boldsymbol{I} + 2(\boldsymbol{q}_v\boldsymbol{q}_v^{\mathrm{T}} + q_0[\boldsymbol{q}_v]_\times) \tag{3-13}$$

值得注意的是，单位四元数 $\mathbb{S}^3$ 双空间覆盖了物理姿态 $\mathrm{SO}(3)$ 的空间，每一对单位四元数 $\pm\boldsymbol{q} \in \mathbb{S}^3$ 代表相同的物理姿态。这意味着姿态控制器需要在 $\mathbb{S}^3$ 中稳定一组断开的平衡点，以避免出现不稳定现象，即避免控制物体姿态进行大于 $180°$ 的旋转以达到所期望的姿态。

如图3.7所示，设 $\mathscr{F}_b$ 表示机体坐标系，$\mathscr{F}_e$ 表示大地坐标系，相对于大地坐标系 $\mathscr{F}_e$，矢量四旋翼飞行器的位置向量表示为 $\boldsymbol{p} \in \mathbb{R}^3$。相对于机体坐标系 $\mathscr{F}_b$，矢量四旋翼飞行器的角速度向量表示为 $\boldsymbol{\omega} \in \mathbb{R}^3$，速度向量表示为 $_b\boldsymbol{v} \in \mathbb{R}^3$。已知飞行器的质量 m 和转动惯量 $\boldsymbol{J} = \mathrm{diag}(J_{xx}, J_{yy}, J_{zz}) \in \mathbb{R}^{3\times3}$，所述矢量四旋翼飞行器的运动学方程在机体坐标系 $\mathscr{F}_b$ 中描述为

$$\begin{bmatrix} m\boldsymbol{I}_3 & 0 \\ 0 & \boldsymbol{J} \end{bmatrix} \begin{bmatrix} _b\dot{\boldsymbol{v}} \\ _b\dot{\boldsymbol{\omega}} \end{bmatrix} = \begin{bmatrix} \boldsymbol{f} \\ \boldsymbol{\tau} \end{bmatrix} + \begin{bmatrix} -m[\boldsymbol{\omega}]_\times & 0 \\ 0 & [\boldsymbol{J}\boldsymbol{\omega}]_\times \end{bmatrix} \begin{bmatrix} _b\boldsymbol{v} \\ _b\boldsymbol{\omega} \end{bmatrix} + \begin{bmatrix} m_b\boldsymbol{g} \\ 0 \end{bmatrix} + \begin{bmatrix} \Delta\boldsymbol{f} \\ \Delta\boldsymbol{\tau} \end{bmatrix} \tag{3-14}$$

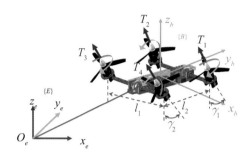

图 3.7 矢量四旋翼飞行器模型

其中，$\boldsymbol{\tau} = \boldsymbol{\tau}_1 + \boldsymbol{\tau}_2$。矩阵 $[\star]_\times \in \mathbb{R}^{3\times3}$ 为向量 $\star \in \mathbb{R}^3$ 的反斜对称矩阵。$\Delta\boldsymbol{f}$ 和 $\Delta\boldsymbol{\tau}$ 分别为外部推力和力矩干扰。令 $\boldsymbol{w}_0 = [\varpi_1^2, \varpi_2^2, \varpi_3^3, \varpi_4^2]$，则作用在矢量四旋翼飞行器上的推力和力矩可以写为

$$\left[\begin{array}{c} \boldsymbol{f} \\ \boldsymbol{\tau} \end{array}\right] = \left[\begin{array}{c} \boldsymbol{B}_f(\gamma) \\ \boldsymbol{B}_M(\gamma) \end{array}\right] \boldsymbol{w}_0 = \boldsymbol{B}(\gamma)\boldsymbol{w}_0 \tag{3-15}$$

其中，矩阵 $\boldsymbol{B}(\gamma) \in \mathbb{R}^{6\times8}$ 为控制分配矩阵，即

$$\boldsymbol{B}(\gamma) = \left[\begin{array}{cccc} 0 & 0 & 0 & 0 \\ c_T s_1 & c_T s_1 & c_T s_2 & c_T s_2 \\ c_T c_1 & c_T c_1 & c_T c_2 & c_T c_2 \\ c_T \dfrac{l_2}{2} c_1 & c_T \dfrac{l_2}{2} c_1 & c_T \dfrac{l_2}{2} c_2 & c_T \dfrac{l_2}{2} c_2 \\ c_M s_1 - \dfrac{l_1}{2} c_T c_1 & -c_M s_1 + \dfrac{l_1}{2} c_T c_1 & c_M s_2 + \dfrac{l_1}{2} c_T c_2 & -c_M s_2 - \dfrac{l_1}{2} c_T c_2 \\ c_M c_1 + \dfrac{l_1}{2} c_T s_1 & -c_M c_1 - \dfrac{l_1}{2} c_T s_1 & c_M c_2 - \dfrac{l_1}{2} c_T s_2 & -c_M c_2 + \dfrac{l_1}{2} c_T s_2 \end{array}\right] \tag{3-16}$$

其中，$\sin(\gamma_i) = s_i$，$\cos(\gamma_i) = c_i$。

机体坐标系 $\mathscr{F}_b$ 相对于大地坐标系 $\mathscr{F}_e$ 的旋转用四元数 $\boldsymbol{q}$ 表示，则所述飞行器的位置和姿态动力学模型可表示为

$$\begin{aligned} \dot{\boldsymbol{p}} &= \boldsymbol{q} \otimes_b \boldsymbol{v} \otimes \boldsymbol{q}^{-1} \\ \dot{\boldsymbol{q}} &= \frac{1}{2}\boldsymbol{q} \otimes \left[\begin{array}{c} 0 \\ \boldsymbol{\omega} \end{array}\right] \end{aligned} \tag{3-17}$$

3.3.2 非线性模型预测控制

基于模型的控制可以为复杂任务提供统一的最优控制框架。所设计的矢量四旋翼飞行器是有 5 个控制输入的非线性系统，不同致动器的物理限制以及运动约束都需要考虑。为了应对系统约束和系统模型的变化，选择非线性模型预测控

制设计飞行器的轨迹跟踪策略。通过这种方式，可以根据飞行器的预期性能选择约束条件，并设计控制扭矩/推力。由于基于模型的控制器的性能依赖于模型的质量，可以使用一个扰动观测器来估计未建模的力和力矩。这些来自未知的系统动力学或外部干扰，都融合在了飞行器模型中。

控制器的跟踪目标是在 $\mathbb{R}^3 \times \mathrm{SO}(3)$ 中跟踪给定的 5D 轨迹，控制框架如图3.8所示。考虑倾转旋翼动力学，控制力矩 $\boldsymbol{\tau}$ 和推力 $\boldsymbol{f}$ 的变化受到舵机转动速度的约束。控制分配策略是计算得到最佳转子速度 ϖ_i 和倾转角 γ。

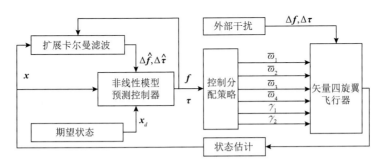

图 3.8 控制框架示意图

外部干扰 $\Delta \boldsymbol{f}$ 和 $\Delta \boldsymbol{\tau}$ 直接作用在多旋翼飞行器机体上，并且大小和方向是未知的。状态估计模块用于估计飞行器当前的实时状态，非线性模型预测控制器可以根据输入的当前状态和期望状态计算出期望推力 $\boldsymbol{f}$ 和期望力矩 $\boldsymbol{\tau}$。控制分配模块主要是通过伪逆矩阵的方式将飞行器的期望推力和力矩映射到转子的期望转速 ϖ_i 和伺服舵机的期望角度 γ_1、γ_2。

定义飞行器状态如下：

$$\boldsymbol{x} = [\boldsymbol{f}^{\mathrm{T}} \quad \boldsymbol{\tau}^{\mathrm{T}} \quad \boldsymbol{p}^{\mathrm{T}} \quad \boldsymbol{v}^{\mathrm{T}} \quad \boldsymbol{q}^{\mathrm{T}} \quad \boldsymbol{\omega}^{\mathrm{T}}]^{\mathrm{T}} \tag{3-18}$$

定义控制器的控制输入量 $\boldsymbol{u}$ 为推力和力矩的一阶导数，即

$$\boldsymbol{u} = \begin{bmatrix} \dot{\boldsymbol{f}} \\ \dot{\boldsymbol{\tau}} \end{bmatrix} \tag{3-19}$$

根据上述分析，推力 $\boldsymbol{f}$ 和力矩 $\boldsymbol{\tau}$ 受到伺服舵机转动角度 γ 的影响，二者是耦合到一起的，则推力 $\boldsymbol{f}$ 和力矩 $\boldsymbol{\tau}$ 的变化速率受到伺服舵机转动速度的制约，满足如下关系：

$$\begin{aligned} -\dot{\boldsymbol{f}}_{\max} &\leqslant \dot{\boldsymbol{f}} \leqslant \dot{\boldsymbol{f}}_{\max} \\ -\dot{\boldsymbol{\tau}}_{\max} &\leqslant \dot{\boldsymbol{\tau}} \leqslant \dot{\boldsymbol{\tau}}_{\max} \end{aligned} \tag{3-20}$$

使用模型预测控制算法跟踪期望的状态，可以转化为一个优化问题，即

$$\min_{\boldsymbol{U}} \quad \sum_{k=0}^{N-1} \left(\|\boldsymbol{h}(\boldsymbol{x}_k, \boldsymbol{x}_{d,k})\|_{\boldsymbol{Q}}^2 + \|\boldsymbol{u}_k\|_{\boldsymbol{R}}^2 \right) + \|\boldsymbol{h}(\boldsymbol{x}_N, \boldsymbol{x}_{d,N})\|$$

$$\begin{aligned}
\text{s.t.} \quad & \boldsymbol{x}_k \in \mathcal{X}, \quad \boldsymbol{u}_k \in \mathcal{U} \\
& \dot{\boldsymbol{x}} = f(\boldsymbol{x}) \\
& \boldsymbol{x}_0 = \boldsymbol{x}(t) \\
& \Delta \boldsymbol{f}_k = \Delta \hat{\boldsymbol{f}}(t) \\
& \Delta \boldsymbol{\tau}_k = \Delta \hat{\boldsymbol{\tau}}(t)
\end{aligned} \tag{3-21}$$

其中，$\boldsymbol{U} = [\boldsymbol{u}_0, \boldsymbol{u}_1, \boldsymbol{u}_2, \cdots, \boldsymbol{u}_{N-1}]$ 是需要优化的控制量。集合 $\mathcal{X}$ 和 $\mathcal{U}$ 分别表示状态量和控制输入的可达集，这些量都受到实际物理运动的限制。

所述优化过程是在有限的 N 步之内完成的，第 k 步的代价函数表示为 $\boldsymbol{h}(\boldsymbol{x}_k)$。矩阵 $\boldsymbol{Q}$ 和 $\boldsymbol{R}$ 分别表示飞行器状态和输入的权重，定义飞行器的期望位姿为 $\boldsymbol{p}_d$、$\boldsymbol{v}_d$、$\boldsymbol{q}_d$、$\boldsymbol{\omega}_d$，损失函数可以表示为

$$\boldsymbol{h}(\boldsymbol{x}, \boldsymbol{x}_{d,k}) = \begin{bmatrix} \boldsymbol{f}_k \\ \boldsymbol{\tau}_k \\ \boldsymbol{p}_k - \boldsymbol{p}_{d,k} \\ \boldsymbol{v}_k - \boldsymbol{v}_{d,k} \\ \boldsymbol{q}_{\mathrm{cmd},k} \\ \boldsymbol{\omega}_k - \boldsymbol{\omega}_{d,k} \end{bmatrix} \tag{3-22}$$

其中，误差 $\boldsymbol{q}_{\mathrm{cmd},k}$ 是用四元数表示的飞行器当前姿态到期望姿态的旋转误差。刚体在 SO(3) 中的姿态对应两个 $\mathbb{S}^3$ 中的值，为了避免飞行器的不必要旋转，姿态误差表示为

$$\boldsymbol{q}_{\mathrm{cmd}} = \mathrm{sgn}(q_{e,0}) \boldsymbol{q}_{e,v}, \quad \mathrm{sgn}(q_{e,0}) = \begin{cases} 1, & q_{e,0} \geqslant 0 \\ -1, & q_{e,0} < 0 \end{cases} \tag{3-23}$$

从当前姿态 $\boldsymbol{q}$ 到期望姿态 $\boldsymbol{q}_d$ 的旋转可表示为

$$\boldsymbol{q}_e = \boldsymbol{q} \otimes \boldsymbol{q}_d^{-1} = \begin{bmatrix} q_{e,0} \\ \boldsymbol{q}_{e,v} \end{bmatrix} \tag{3-24}$$

需要注意的是，$\boldsymbol{q}_e$ 表示从姿态 $\boldsymbol{q}$ 到期望姿态 $\boldsymbol{q}_d$ 的旋转过程。通过增加 $q_{e,0}$ 的符号判定，可以保证飞行器的旋转角度不会超过 $180°$，这样可以保证飞行器的旋转角度是最小的[131]。但是，这个过程却不能保证旋转的时间是最优的。

3.3.3　控制分配

由式 (3-16) 可以看出，控制分配矩阵 $\boldsymbol{B}(\gamma)$ 中含有两个未知变量 γ_1 和 γ_2，这使得计算转子的期望转速 ϖ_i 非常困难。在这里，将转子的期望转速 ϖ_i 和伺服舵机的期望角度作为控制输入，重新定义控制输入向量 $\boldsymbol{w}_1$：

$$\boldsymbol{w}_1 = [f_{1,l}; f_{1,v}; f_{2,l}; f_{2,v}; f_{3,l}; f_{3,v}; f_{4,l}; f_{4,v};], \quad \boldsymbol{u}_w \in \mathbb{R}^8 \qquad (3\text{-}25)$$

其中

$$\begin{aligned}
f_{1,l} &= \varpi_1^2 \sin(\gamma_1), & f_{1,v} &= \varpi_1^2 \cos(\gamma_1) \\
f_{2,l} &= \varpi_2^2 \sin(\gamma_1), & f_{2,v} &= \varpi_2^2 \cos(\gamma_1) \\
f_{3,l} &= \varpi_3^2 \sin(\gamma_2), & f_{3,v} &= \varpi_3^2 \cos(\gamma_2) \\
f_{4,l} &= \varpi_4^2 \sin(\gamma_2), & f_{4,v} &= \varpi_4^2 \cos(\gamma_2)
\end{aligned} \qquad (3\text{-}26)$$

式 (3-15) 可进一步写为

$$\begin{bmatrix} \boldsymbol{f} \\ \boldsymbol{\tau} \end{bmatrix} = \boldsymbol{B} \boldsymbol{w}_1 \qquad (3\text{-}27)$$

其中

$$\boldsymbol{B} = \begin{bmatrix}
0 & 0 & 0 & 0 & 0 & 0 & 0 & 0 \\
c_T & 0 & c_T & 0 & c_T & 0 & c_T & 0 \\
0 & c_T & 0 & c_T & 0 & c_T & 0 & c_T \\
0 & \frac{1}{2}l_2 c_T & 0 & \frac{1}{2}l_2 c_T & 0 & \frac{1}{2}l_2 c_T & 0 & \frac{1}{2}l_2 c_T \\
c_M & -\frac{1}{2}l_1 c_T & -c_M & \frac{1}{2}l_1 c_T & c_M & \frac{1}{2}l_1 c_T & -c_M & -\frac{1}{2}l_1 c_T \\
\frac{1}{2}l_1 c_T & c_M & -\frac{1}{2}l_1 c_T & -c_M & -\frac{1}{2}l_1 c_T & c_M & \frac{1}{2}l_1 c_T & -c_M
\end{bmatrix} \in \mathbb{R}^{6\times8} \qquad (3\text{-}28)$$

由式 (3-28) 可以看出，此控制分配矩阵全部都是常量，不存在变量。在已知推力 $\boldsymbol{f}$ 和力矩 $\boldsymbol{\tau}$ 的前提下，可以根据伪逆矩阵计算出 $\boldsymbol{w}_1$，即

$$\boldsymbol{w}_1 = \boldsymbol{B}^\dagger \begin{bmatrix} \boldsymbol{f} \\ \boldsymbol{\tau} \end{bmatrix} \qquad (3\text{-}29)$$

其中，$\boldsymbol{B}^\dagger = \boldsymbol{B}^{\mathrm{T}}(\boldsymbol{B}\boldsymbol{B}^{\mathrm{T}})^{-1}$。使用伪逆矩阵的优势在于可以计算出最小的直流无刷电机期望转速，表示为 $\varpi_i = \sqrt{f_{i,l} + f_{i,v}}$，$i = 1, 2, 3, 4$。伺服舵机的角度为

$$\begin{aligned}
\gamma_1 &= \arctan \frac{f_{1,l}}{f_{1,v}} \\
\gamma_2 &= \arctan \frac{f_{3,l}}{f_{3,v}}
\end{aligned} \qquad (3\text{-}30)$$

3.4 实验验证

本节主要介绍矢量四旋翼飞行器样机制作和在真实场景中的测试，主要包括倾转悬停测试、轨迹跟踪测试以及地面行驶测试。实验一是倾转悬停测试，主要用于测试控制器在飞行器大角度机动飞行时的有效性以及验证飞行器的机动能力；实验二是轨迹跟踪测试，主要用于测试飞行器矢量飞行机动能力以及轨迹跟踪的精度；实验三是地面行驶测试，主要用于验证飞行器的两栖行驶能力以及对比不同运动模式之间的能耗。设计完成的实验样机整机质量为 1.2kg，机臂长度 $l_1 = 200\text{mm}$，两根机臂的垂直距离 $l_2 = 200\text{mm}$。飞行器的动力系统能够提供最大 43.82N 的推力。

3.4.1 样机制作

机架的主要作用是承载飞行器所有的电子设备以及确定所有电子设备的安装位置，并且防止外部碰撞损坏电子设备。为了实现飞行器的高机动飞行能力，机架要求足够轻量化的同时，要尽量避免对螺旋桨风场的影响。此外，飞行器机架还必须具备一定的刚度，防止因转子推力的不平衡导致机架发生扭转。为了同时满足上述要求，选择密度低强度高的碳纤维材料制作飞行器的机身，关键零部件选择易于 3D 打印制造的尼龙材料。飞行器机架主要由两部分组成：①机体底座，由两块矩形的碳纤维板上下拼接而成，主要用于承载电池、飞控等电子设备，并且倾转结构的伺服舵机以及传动齿轮也安装在机体底座上面；②两根旋转机臂，采用的是直径 12mm 的碳纤维管，在机臂的末端安装四个直流无刷电机。

由于采用倾转结构改变转子推力的方案，两个旋转机臂均有伺服舵机，通过齿轮传动来改变旋转角度。因此，所选用的伺服舵机必须具备足够的力矩以及足够小的死区，否则极易造成飞行器旋转机臂的抖动。选用的是飞特 20g 小舵机，最大能提供稳定的 6.0kg·cm 持续转矩，旋转角度达到 180°。为了保证齿轮的传递精度及耐磨性，选择模数为 1、齿数为 30 的齿轮。所述齿轮材料选用尼龙材质，通过 3D 打印制成。

飞行器的动力系统选用的是银燕公司生产的四个 RS2306 电机，KV 值为 2750，搭配 5249 三叶桨。直流无刷电机的旋转速度由电子调速器（BLHELI32-45A）驱动。需要注意的是，所述电子调速器只能实现调速功能，不能实现换向功能。单个电机带动螺旋桨旋转，最大可以产生 10.95N 的推力。电池选用 2300mA·h 的 4S 锂电池，固定在飞行器机体的正下方。所述电池提供额定 14.8V 的电压，持续放电电流能达到 103.5A。

飞控系统集成了微处理器、陀螺仪、加速度计及若干通信接口。其中，微处理器选择由意法半导体公司生产的 32 位微处理器 STM32F405,主频高达 168MHz。这样就可以在其上面运行实时操作系统 FreeRTOS。选择 InvenSense 公司生产的 MEMS(微机电系统)惯性测量传感器 MPU6050,这是一个 6 轴传感器,能够同时感知刚体的角加速度和线加速度。飞控系统与外设连接示意图如图3.9(a)所示,飞控系统硬件示意图如图3.9(b) 所示。

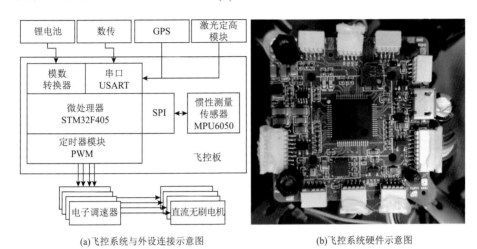

(a)飞控系统与外设连接示意图　　　　　(b)飞控系统硬件示意图

图 3.9 飞控系统

PWM 指脉宽调制

飞控系统的外设接口预留了 4 个串口,2 个 IIC 集成电路总线接口以及 2 个串行外围设备接口 (SPI),主要连接外部的 GPS(全球定位系统)、气压计以及激光定高模块等。同时,还有一个模拟量输入接口,用于连接锂电池,实时检测电池剩余电量。数传模块连接在其中一个串口上,将飞控系统信息实时传递回地面站。非线性模型预测控制器运行在英伟达 Jetson nano 控制器上。Jetson nano 控制器上运行实时操作系统,解算器以 100Hz 的频率执行,并向飞行控制器发送推力/扭矩命令。飞行控制器执行控制分配算法,速度控制的频率为 200Hz。

模型预测控制器的预测长度设定为 $N = 20$ 步。其中,代价矩阵 $\boldsymbol{Q}$ 和 $\boldsymbol{R}$ 需要手动调整。$\boldsymbol{R}$ 值太小会导致不稳定的行为,而太大的值会导致更差的姿态跟踪性能。

3.4.2 倾转悬停测试

在该实验中,控制所述四旋翼飞行器定点悬停在不同的倾斜姿态。首先控制飞行器悬停的位置 $\boldsymbol{p}$ 是固定的,然后逐渐增加期望俯仰角 θ_d 的值。在 $t = 0$ 时刻,飞行器机体姿态 $\theta = \phi = \psi = 0°$。通过地面遥控器,逐渐增加期望俯仰角至 $\theta_d = 22.5°$。在整个实验过程中,飞行器机体姿态的变化是连续的,如图3.10所示。

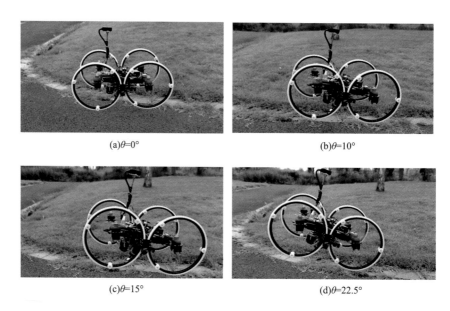

(a)θ=0°   (b)θ=10°

(c)θ=15°   (d)θ=22.5°

图 3.10 倾转悬停测试

在图3.10（a）中，所述矢量四旋翼飞行器悬停在空中，此时 $\theta = \phi = 0°$；在图3.10（b）中，所述矢量四旋翼飞行器的俯仰角增大，此时 $\theta = 10°$，$\phi = 0°$；在图3.10（c）中，所述矢量四旋翼飞行器的俯仰角继续增大，此时 $\theta = 15°$，$\phi = 0°$；在图3.10（d）中，所述矢量四旋翼飞行器悬停在最大的俯仰角，此时 $\theta = 22.5°$，$\phi = 0°$。此过程中，飞行器机体的姿态角度的变化如图3.11所示。飞行器起飞以后，悬停位置基本保持不变，如图3.12所示。

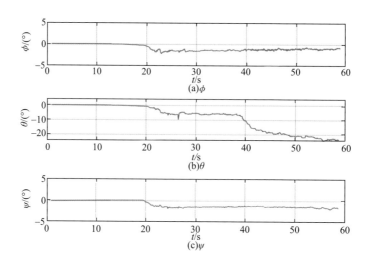

图 3.11 倾转悬停测试机体姿态

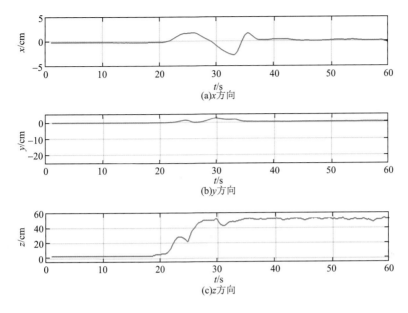

图 3.12 倾转悬停测试机体位置

需要注意的是,对于所述矢量四旋翼飞行器,最大的俯仰角能够达到 $\theta_{\max} = 90°$。但是,从图3.11中机体姿态变化曲线可以看出,机体的俯仰角在变化过程中,横滚角稳定地倾斜在 $-2°$,偏航角稳定在 $-3°$ 以内。当俯仰角 θ 超过 $30°$ 后,机体就开始出现剧烈的抖动。通过分析发现,出现此现象的原因主要为当飞行器机体大角度倾斜后,未建模动力因素对飞行器的影响会增加。在后续的工作中,可以通过优化飞行器的动力学设计来改进飞行器的大角度机动性能。

3.4.3　轨迹跟踪测试

本节主要测试飞行器矢量飞行的轨迹跟踪。控制飞行器在三维空间中跟踪一条圆形的轨迹,在这个过程中,保证所述飞行器的机体姿态是水平的,即 $\theta_d = \phi_d = 0°$。

控制飞行器悬停在距离地面 55cm 的高度,期望位置的控制信号为 $p_x = 80\sin\left(\dfrac{20}{\pi}t\right)$ cm, $p_y = -80\cos\left(\dfrac{20}{\pi}t\right)$ cm, $p_z = 50$cm。期望姿态的控制信号为 $\theta_d = 0°$, $\phi_d = 0°$。图3.13(a)~(f) 展示了飞行器在跟踪圆形轨迹的不同时刻的飞行位置,并且展示了相对于期望轨迹,飞行器的实时位置与期望轨迹的误差。飞行器的实时位置如图3.14所示,跟踪误差如图3.15所示。

(a)位置一　　　　　　　　　　　　　　　　　(b)位置二

(c)位置三　　　　　　　　　　　　　　　　　(d)位置四

(e)位置五　　　　　　　　　　　　　　　　　(f)位置六

图 3.13 矢量四旋翼飞行器轨迹跟踪

在飞行器跟踪圆形轨迹的过程中,只有飞行器的水平位置和偏航角 ψ 在实时地变化。因此,偏航角的误差相对于横滚角和俯仰角的误差较大。并且,当产生矢量推力时,转子会产生一个水平的推力,此推力也对偏航力矩造成影响。在一般情况下,控制器能够跟踪参考轨迹,但也会观察到一些位置跟踪误差。这主要是由真实动力学和模型动力学之间的显著差异造成的。

综合前面两个测试,所设计的非线性模型预测控制器在小角度轨迹跟踪中,有助于提高跟踪性能,但随着角度的增大,性能会下降。同时,推力约束和扭矩约束可以有效地减少过激的大角度运动,这样能避免飞行器的不稳定状态。

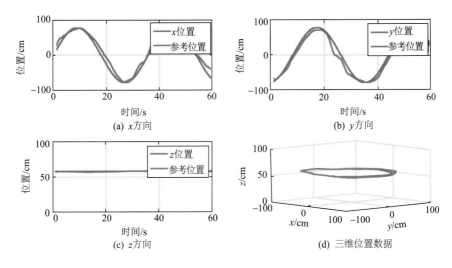

图 3.14 跟踪圆形轨迹时飞行器实时位置数据

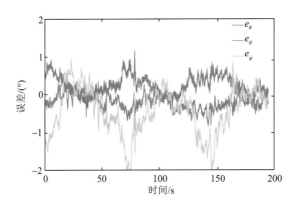

图 3.15 跟踪圆形轨迹时飞行器姿态误差数据

3.4.4 地面行驶测试

　　地面行驶测试主要验证所述矢量四旋翼飞行器在地面运动的可行性。此实验中，首先启动直流无刷电机，当油门增加到 20% 以上后，逐渐控制倾转角 γ_1 和 γ_2 向相反的方向旋转，此时飞行器就会逐渐启动。当继续增加油门和倾转角时，飞行器的速度会增加。测试情况如图3.16所示。

　　通过实验发现，当飞行器在地面上启动后，正常行驶只需要克服地面阻力做功，此时四个转子的做功功率不会超过 100W。但是当飞行器悬停在空中做功时，飞行器需要克服重力做功，至少需要产生 12N 的力才能保证飞行器悬停，此时四个转子的功率超过 500W。由此可以证明，地面行驶相比于空中飞行要节省能量。在实际使用过程中，可以综合运用各种运动模式的特点，综合提升飞行器的通过性及续航工作时间。

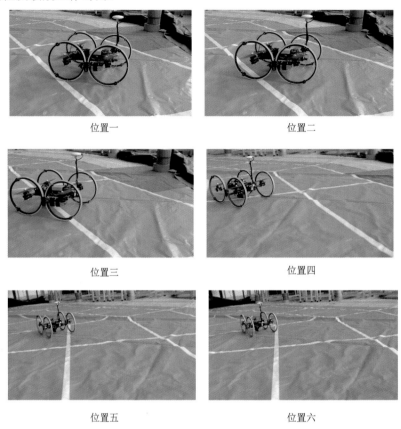

位置一   位置二

位置三   位置四

位置五   位置六

图 3.16 地面行驶测试

上面三组实验证明了使用倾转结构给飞行器机动性能方面带来的提升。对于传统多旋翼飞行器，定点悬停时，机体姿态只能是水平的，但是加了倾转结构以后，飞行器就可以实现任意姿态的倾斜悬停。另外一个好处就是飞行器在水平位移时可以保持机体姿态不发生变化，这样有助于减小空气阻力，延长飞行器的续航时间。但是，倾转结构也使得飞行器的结构更加复杂，从而给飞行器的动力学建模带来更多的不确定性。

3.5 本章小结

本章研究了倾转结构对多旋翼飞行器可控性及机动性的影响，以此为基础设计了一种具备矢量飞行、倾转悬停和地面行驶功能的两栖飞行器，建立了所述多旋翼飞行器的动力学模型，详细分析了飞行器不同运动模式的机理及潜在的应用场景。基于非线性模型预测控制，设计了多旋翼飞行器的轨迹跟踪策略，包含了由机械/动力限制产生的约束。所述控制策略考虑了飞行器大角度运动的特性，使用四元数代替传统使用欧拉角表述飞行器旋转，实现了控制器的全局稳定，同时保证了飞行器从当前姿态旋转到期望姿态的旋转角度是最小的。最后，在所设计的样机上，验证了飞行器设计概念和控制算法的有效性。

第 4 章 模块化可重构多旋翼飞行器及其 6D 轨迹跟踪控制

4.1 引　　言

多旋翼飞行器在执行任务时，所处的环境是非常复杂的，并且执行不同的任务所面临的周围的环境以及对飞行器的需求也是不同的。例如，当执行搜救或者侦察任务时需要飞行器具备较高的机动能力，或者进入狭窄的空间[132]；在执行隧道、桥梁等大型内部空间巡检时，就需要飞行器具备大角度机动的能力，减小巡检盲区[22]；在运送快递或者输送远程医疗物资时，需要飞行器具备较长的续航时间[133]。因此，为了能够更加有效地完成这些任务，就需要针对每种任务的需求而设计定制化的无人飞行器。设计多旋翼飞行器的过程是非常复杂且漫长的，因此有学者提出，能不能设计模块化的多旋翼飞行器，根据不同任务对飞行器尺寸、续航及载荷等需求的不同，通过模组灵活组装来搭建能够满足特定任务需求的多旋翼飞行器[134]。模块化飞行器的另外一个优势在于可以通过增加模组数量或者优化拓扑结构来提高机架的容错能力，当有模组失效以后，剩余转子仍然具备可重构能力。

目前，对多旋翼飞行器模块化组装的研究主要集中在两个方面：①线性连接配置方案[38,135,136]；②平面连接配置方案[134,137,138]。

对于线性连接配置方案的模块化多旋翼，模块之间通过铰链连接，铰链一般为角度可控的伺服舵机，这样就可以通过控制伺服舵机角度的变化来实现飞行器机体性状的变化。文献 [38] 介绍了一种由多个关节组成的飞行器，可以在三维空间中进行多自由度空中变换。文献 [135] 介绍了一种可变形的多连杆空中机器人，具有在三维空间中灵活改变构型的能力，可以执行空中操纵任务，如夹持箱子、击打乒乓球等。文献 [136] 提出了一种具有闭环多连杆结构的水平面飞行器来进行变换和空中抓取以避免变形。但是，这种结构使飞行器机体尺寸过大，而且在变形过程中仍然存在无法控制的行为。可以看出，线性连接存在两个缺点：①由于惯性大、刚度低，姿态控制困难；②需要实时动态分配算法来避免不可控连接方案。

对于平面连接配置,任意两个模块之间都可以连接,而连接处往往是固定的。文献 [134] 介绍了一种能够根据任务需求无线装配的模块化多旋翼飞行器。由于过驱动配置能显著提升飞行器的机动能力,文献 [137] 介绍了一种能够将位置控制和姿态控制解耦的模块化多旋翼飞行器,这种过驱动飞行器需要设计一个专用矢量控制模组,最简单的方法是将传统四旋翼飞行器作为一个模组用于组装新型的多旋翼飞行器。文献 [138] 提出了一种由传统四旋翼组装的模块化飞行器,可以克服标准多旋翼用于空中操纵的缺点。

模块化飞行器设计的关键就是如何优化模组的使用数量以及每一个模组的位置。同样,合理地优化组成多旋翼飞行器转子的数量和位置能够同时提升多旋翼飞行器机动能力以及可重构能力。倾斜转子结构和转子 3D 立体化配置方案均能有效提升飞行器的机动性能。倾斜转子结构的优势在于在提升飞行器机动能力的同时能兼顾飞行器的能量损耗,但是受制于倾转舵机的响应能力,飞行器的响应能力相对较弱。而转子 3D 立体化配置方案的优点就在于提升飞行器机动能力的同时,能兼顾飞行器的响应能力。转子 3D 立体化配置方案的能量损耗比较大。

本章的内容安排如图4.1所示,首先介绍一种双自由度倾转模组,使用两个正交安装的伺服舵机调整推力的方向,可以产生大小和方向均可控的矢量推力。然后使用转子 3D 立体化配置方案,优化四种由所述模组衍生的新型飞行器拓扑结构。不同于传统的多旋翼飞行器,所述四种新型的拓扑机型都能输出任意方向的推力和力矩,实现飞行器平移动力学和转动动力学的解耦,即所述四种飞行器都能跟踪 6D 轨迹。特别地,其中还包括一种新型的全向飞行器,能够实现空中任意方向 360° 的全向旋转,并且保持自身位置不改变。同时分析每种机型在转子出现失效后,剩余转子的可重构能力。最后,在 SE(3) 上建立飞行器的动力学全局几何描述,并基于几何控制设计一种非线性 6D 轨迹跟踪策略。制作实验样机验证所提出的四种新型的拓扑结构的可行性,并且测试控制策略的有效性。

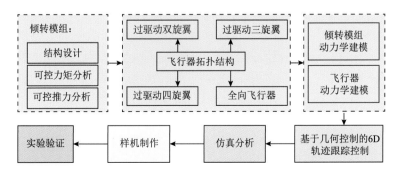

图 4.1 本章内容安排 (模块化飞行器 6D 轨迹跟踪)

　　本章的结构安排如下：4.2 节介绍一种双自由度倾转模组，并且介绍基于该模组而衍生出的多种多旋翼飞行器的拓扑结构；4.3 节首先建立双自由度倾转模组的动力学模型，然后基于牛顿-欧拉方程建立多旋翼飞行器的统一通用模型；4.4 节介绍一种基于李雅普诺夫函数的非线性姿态控制器，用于多旋翼飞行器的姿态控制；4.5 节介绍仿真测试；4.6 节验证由所述模组组成的新型多旋翼飞行器的可行性；4.7 节对本章内容进行总结。

4.2　结　构　设　计

4.2.1　双自由度倾转模组设计

　　双自由度倾转模组结构示意图如图4.2所示，包括两个伺服舵机、一组直流无刷电机、一个倾转模组控制器。所述直流无刷电机固定在中心基座上，带动螺旋桨旋转产生推力 T_i。倾转模组控制器也安装在中心基座上。

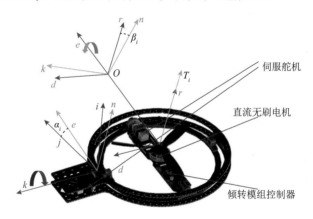

图 4.2 双自由度倾转模组结构示意图

　　在中心坐标系上建立右手坐标系 $\mathscr{F}_{Ai}:\{O_{Ai}\text{-}r,e,d\}$。原点 O_{Ai} 固定在直流无刷电机与中心基座的固定的位置；轴 r 与推力 T_i 重合，而且方向和推力的方向一致；轴线 e 平行于中心基座，指向固定舵机的一端。该伺服舵机的舵盘与内框架固定，在内框架上建立坐标系 $\mathscr{F}_{Bi}:\{O_{Bi}\text{-}n,e,k\}$。原点 O_{Bi} 与原点 O_{Ai} 重合，轴线 d 平行于内框架平面，垂直于轴线 n。在舵机的驱动下，中心基座可以绕着内环框架的中心线 e 做旋转运动，旋转角度记为 β_i。内框架是一个圆形基座，在与固定中心基座舵盘垂直的位置，用于连接固定在外框架上的舵盘。外框架与内框架之间也通过一个舵机驱动，驱动内框架绕其中心线做旋转运动。在外框架上建立坐标系 $\mathscr{F}_{Pi}:\{O_{Pi}\text{-}i,j,k\}$，原点 O_{Pi} 固定在外框架伺服舵机出轴的中心点，轴线 k 平行于外框架舵机的出轴，方向与出轴的方向相反。内框架绕轴 k 与外框架在舵机的驱动下旋转运动，转动角度记作 α_i，则坐标系之间的转换矩阵可描述为

$$
{}^{Bi}_{Pi}\boldsymbol{R} = \begin{bmatrix} \cos\alpha_i & \sin\alpha_i & 0 \\ -\sin\alpha_i & \cos\alpha_i & 0 \\ 0 & 0 & 1 \end{bmatrix} \tag{4-1}
$$

和

$$
{}^{Ai}_{Bi}\boldsymbol{R} = \begin{bmatrix} \cos\beta_i & 0 & -\sin\beta_i \\ 0 & 1 & 0 \\ \sin\beta_i & 0 & \cos\beta_i \end{bmatrix} \tag{4-2}
$$

其中，矩阵 ${}^{Bi}_{Pi}\boldsymbol{R}$ 为从坐标系 $\mathscr{F}_{Pi}$ 到坐标系 $\mathscr{F}_{Bi}$ 的旋转矩阵；矩阵 ${}^{Ai}_{Bi}\boldsymbol{R}$ 为从坐标系 $\mathscr{F}_{Bi}$ 到坐标系 $\mathscr{F}_{Ai}$ 的旋转矩阵。

令直流无刷电机的转速为 $\varpi_i(\varpi_i \in [0, \varpi_{\max}])$，所述直流无刷电机带动螺旋桨可以产生推力 $T_i = c_T\varpi_i^2$ 和反转力矩 $\tau_{M,i} = c_M\varpi_i^2$。所述直流无刷电机由电子调速器驱动，电子调速器只能调节直流无刷电机的转速，无法换向，因此单个转子系统产生的推力和力矩受到如下约束：

$$
\begin{aligned}
0 &\leqslant T_i \leqslant T_{\max} \\
0 &\leqslant \tau_{M,i} \leqslant \tau_{M,\max}
\end{aligned} \tag{4-3}
$$

其中，$T_{\max}$ 和 $\tau_{M,\max}$ 分别为单个转子能够产生的最大推力和反转力矩。则双自由度倾转模组产生的矢量推力和力矩可表示为

$$
\boldsymbol{f}_i = T_i\boldsymbol{x}_i \tag{4-4}
$$

$$
\boldsymbol{\tau}_{M,i} = T_i(\boldsymbol{d}_i \times \boldsymbol{x}_i + c_i k_r \boldsymbol{x}_i) \tag{4-5}
$$

其中，$\boldsymbol{x}_i = {}^{Bi}_{Pi}\boldsymbol{R} \cdot {}^{Ai}_{Bi}\boldsymbol{R} \cdot \boldsymbol{e}_3$，$\boldsymbol{x}_i \in \mathbb{R}^3$ 表示第 i 个模组中转子产生的推力 T_i 的方向；$\boldsymbol{d}_i$ 为模组在其组成的飞行器中的位置。若双自由度倾转模组中的转子在配置时顺时针选择，则 $c_i = 1$；若转子逆时针选择，则 $c_i = -1$。转子推力系数与反转力矩系数表示为 $k_r = \dfrac{c_M}{c_T}$。

将双自由度倾转模组能够提供的推力集合记作 $\mathcal{T}$，有

$$
\mathcal{T} = \{\boldsymbol{f}_i \in \mathbb{R}^3 | \boldsymbol{f}_i = T_i\boldsymbol{x}_i, 0 \leqslant T_i \leqslant T_{\max}\} \tag{4-6}
$$

双自由度倾转模组的动力系统选用银燕公司生产的 RS2306-KV2750 直流无刷电机，在三维空间中可以绘制出模组的推力和力矩的集合，如图4.3所示。可以看出，模组所能提供的推力和力矩的集合分别是一个闭合的球体，这表明所述模组可以提供任意方向的推力和力矩。所述推力和力矩的最大值受到转子最大转速的限制。

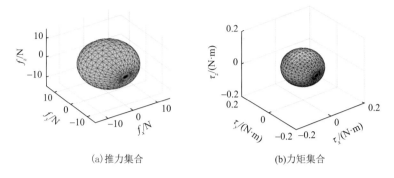

(a)推力集合　　　　　　　　(b)力矩集合

图 4.3 双自由度倾转模组动力分析

　　需要注意的是，所述力矩仅包括了转子能提供的反转力矩，但是转子自转产生的反转力矩和推力是相互耦合的，在保证推力输出的前提下，不能实现力矩的单独调节。因此，这个力矩会使得模组发生自旋。为了实现飞行器稳定的控制，至少需要两个双自由度倾转模组。

4.2.2　拓扑结构分析

　　令 N 表示组成多旋翼飞行器的双自由度倾转模组的数量。$\mathscr{F}_B : \{O_B\text{-}X_B, Y_B, Z_B\}$ 表示机体坐标系，原点与飞行器的几何中心重合。根据 4.2.1 节的分析，组成多旋翼飞行器的模组数量必须大于或等于 2，即 $N \geqslant 2$。

　　定义 4-1　由 N 个转子组成的多旋翼可以使用 3 个参数 $(N, \boldsymbol{X}, \boldsymbol{D})$ 定义：

　　(1) $N \in \mathbb{R}$ 表示组成多旋翼飞行器的数量。

　　(2) $\boldsymbol{X}(\alpha, \beta) = [\boldsymbol{x}_1, \boldsymbol{x}_2, \cdots, \boldsymbol{x}_N]$ 表示相对于机体坐标系的方向矩阵，$\boldsymbol{x}_i$ 表示第 i 个模组产生的推力相对于机体坐标系的方向。

　　(3) $\boldsymbol{D} = [\boldsymbol{d}_1, \boldsymbol{d}_2, \cdots, \boldsymbol{d}_N]$ 表示位置矩阵，$\boldsymbol{d}_i$ 表示第 i 个模组在机体坐标系中的位置。

　　由 N 个转子作用在多旋翼飞行器上的推力和力矩可以表示为

$$\boldsymbol{F} = \sum_{i=1}^{N} \boldsymbol{f}_i = \boldsymbol{B}_F \boldsymbol{\Lambda} \tag{4-7}$$

$$\boldsymbol{M} = \sum_{i=1}^{N} T_i S(\boldsymbol{d}_i) \boldsymbol{x}_i + \kappa_i \boldsymbol{f}_i = \boldsymbol{B}_M \boldsymbol{\Lambda} \tag{4-8}$$

其中，$\kappa_i = c_i k_r$；$\boldsymbol{B}_F = [\boldsymbol{I}\ \boldsymbol{I}\ \cdots\ \boldsymbol{I}] \in \mathbb{R}^{3 \times 3N}$ 表示推力控制分配矩阵；$\boldsymbol{B}_M = [S(\boldsymbol{p}_1) + \kappa_1 \boldsymbol{I}\ S(\boldsymbol{p}_2) + \kappa_2 \boldsymbol{I}\ \cdots\ S(\boldsymbol{p}_N) + \kappa_N \boldsymbol{I}] \in \mathbb{R}^{3 \times 3N}$ 表示力矩分配矩阵；$\boldsymbol{\Lambda} = [\boldsymbol{f}_1^{\mathrm{T}}\ \boldsymbol{f}_2^{\mathrm{T}}\ \cdots\ \boldsymbol{f}_N^{\mathrm{T}}]^{\mathrm{T}}$，$\boldsymbol{\Lambda} \in \mathbb{R}^{3N}$ 是控制输入向量。映射运算 $S(\star) : \mathbb{R}^3 \to \mathrm{SO}(3)$ 表

示将 $\mathbb{R}^3$ 映射到 SO(3)，即 $S(\boldsymbol{a})\boldsymbol{b} = \boldsymbol{a} \times \boldsymbol{b}$。

推力和力矩进一步可以写成更加紧凑的形式，即

$$U = \begin{bmatrix} \boldsymbol{F} \\ \boldsymbol{M} \end{bmatrix} = \begin{bmatrix} \boldsymbol{B}_F \\ \boldsymbol{B}_M \end{bmatrix} \boldsymbol{\Lambda} = \boldsymbol{B}\boldsymbol{\Lambda} \tag{4-9}$$

其中

$$\boldsymbol{B} = \begin{bmatrix} \boldsymbol{I} & \boldsymbol{I} & \cdots & \boldsymbol{I} \\ S(\boldsymbol{d}_1) + \kappa_1\boldsymbol{I} & S(\boldsymbol{d}_2) + \kappa_2\boldsymbol{I} & \cdots & S(\boldsymbol{d}_N) + \kappa_N\boldsymbol{I} \end{bmatrix} \tag{4-10}$$

矩阵 $\boldsymbol{B} \in \mathbb{R}^{6\times 3N}$ 称为系统的控制分配矩阵，表示将控制输入 $\boldsymbol{\Lambda}$ 映射到作用在飞行器机体上的推力 $\boldsymbol{F}$ 和力矩 $\boldsymbol{M}$；同时，矩阵 $\boldsymbol{B}$ 中所有的参数都是常量。这样，就可以使用伪逆的方法设计飞行器的控制分配策略。

过驱动飞行器因其能在任意方向产生可控的推力和力矩，能够独立控制其位置和姿态。对于过驱动飞行器，其控制分配矩阵满足 $\mathrm{rank}(\boldsymbol{B}) = 6$，即控制分配矩阵是满秩的。

定理 4-1　假设由 N 个双自由度倾转模组组成的多旋翼飞行器满足 $\mathrm{rank}(\boldsymbol{B}) = 6$，则其至少需要 3 个中心位置 $\boldsymbol{d}_i$ 的连线不共线的双自由度倾转模组配置而成。

证明　式（4-8）中，第一项是由转子配置位置的偏移造成的，第二项是转子自转产生的反转力矩。对于同一组动力系统，其产生的反转力矩往往比推力小两个数量级。在这种倾斜转子配置方案中，通过调节伺服舵机的角度 α_i 和 β_i 的值，任意方向的力矩都可以由推力产生。因此，在后续的分析中，将忽略反转力矩对飞行器的影响，式（4-10）可写为

$$\boldsymbol{B} = \begin{bmatrix} \boldsymbol{I} & \boldsymbol{I} & \cdots & \boldsymbol{I} \\ S(\boldsymbol{d}_1) & S(\boldsymbol{d}_2) & \cdots & S(\boldsymbol{d}_N) \end{bmatrix} \tag{4-11}$$

下面通过数学归纳法来计算矩阵 $\boldsymbol{B}$ 的秩 $\mathrm{rank}(\boldsymbol{B})$：

(1) 当 $N = 1$ 时，$\mathrm{rank}(\boldsymbol{B}) = 3$。在这种情况下，飞行器的 3 个运动自由度只能被独立控制，即高度平移控制、俯仰运动控制、横滚运动控制。而一个多旋翼飞行器稳定控制的必要条件是 $\mathrm{rank}(\boldsymbol{B}) = 4$。因此，由一个模组组成的多旋翼飞行器，其自身姿态都不能稳定地被控制。

(2) 当 $N = 2$ 时，矩阵 $\boldsymbol{B}$ 可写为

$$\boldsymbol{B} = \begin{bmatrix} \boldsymbol{I} & \boldsymbol{I} \\ S(\boldsymbol{d}_1) & S(\boldsymbol{d}_2) \end{bmatrix} \tag{4-12}$$

对于任意一个由两个模组组成的多旋翼飞行器，所述两个模组的中心点肯定是在一条直线上的。假设连接模组的连杆的质量可以忽略，模组 1 的中心点 $\boldsymbol{d}_1$、模组 2 的中心点 $\boldsymbol{d}_2$ 和两个模组连线的中心点 $\boldsymbol{d}_e$ 均在一条直线上，即 $(\boldsymbol{d}_e - \boldsymbol{d}_1) \times$

$(\boldsymbol{d}_2 - \boldsymbol{d}_1) = \boldsymbol{0}$。这样，可以得到

$$\begin{aligned}
\mathrm{rank}(\boldsymbol{B}) &= 3 + \mathrm{rank}([S(\boldsymbol{d}_1) \quad S(\boldsymbol{d}_2)]) \\
&= 3 + \mathrm{rank}([S(\boldsymbol{d}_1) \quad S(\boldsymbol{d}_2)]^{\mathrm{T}}) \\
&= 3 + \mathrm{rank}(S(\boldsymbol{d}_1 - \boldsymbol{d}_2))
\end{aligned} \tag{4-13}$$

需要注意的是，$S(\boldsymbol{d}_1 - \boldsymbol{d}_2) \in \mathbb{R}^{3 \times 3}$ 是一个反斜对称矩阵，这种矩阵的秩一定是偶数。所以可得 $\mathrm{rank}(S(\boldsymbol{d}_1 - \boldsymbol{d}_2)) = 2$，$\mathrm{rank}(\boldsymbol{B}) = 5$。这表明由两个模组组成的多旋翼飞行器仍然是欠驱动的。在这种情况下，飞行器可以产生 5 个自由度的驱动力矩。

(3) 当 $N = 3$ 时，矩阵 $\boldsymbol{B}$ 可写为

$$\boldsymbol{B} = \begin{bmatrix} \boldsymbol{I} & \boldsymbol{I} & \boldsymbol{I} \\ S(\boldsymbol{d}_1) & S(\boldsymbol{d}_2) & S(\boldsymbol{d}_3) \end{bmatrix} \tag{4-14}$$

使用向量叉乘 $S(\star)$ 的运算性质，矩阵 $\boldsymbol{B}$ 可以分解为

$$\boldsymbol{B} = \underbrace{\begin{bmatrix} \boldsymbol{I} & \boldsymbol{0} \\ S(\boldsymbol{d}_1) & \boldsymbol{I} \end{bmatrix}}_{\boldsymbol{B}_{21}} \underbrace{\begin{bmatrix} \boldsymbol{I} & \boldsymbol{0} & \boldsymbol{0} \\ \boldsymbol{0} & S(\boldsymbol{d}_2 - \boldsymbol{d}_1) & S(\boldsymbol{d}_3 - \boldsymbol{d}_1) \end{bmatrix}}_{\boldsymbol{B}_{22}} \underbrace{\begin{bmatrix} \boldsymbol{I} & \boldsymbol{I} & \boldsymbol{I} \\ \boldsymbol{0} & \boldsymbol{I} & \boldsymbol{0} \\ \boldsymbol{0} & \boldsymbol{0} & \boldsymbol{I} \end{bmatrix}}_{\boldsymbol{B}_{23}} \tag{4-15}$$

矩阵 $\boldsymbol{B}_{21}$ 和 $\boldsymbol{B}_{23}$ 是满秩的，因此 $\mathrm{rank}(\boldsymbol{B}) = \mathrm{rank}(\boldsymbol{B}_{22})$，此时

$$\mathrm{rank}(\boldsymbol{B}_{22}) = 3 + \mathrm{rank}([S(\boldsymbol{d}_2 - \boldsymbol{d}_1) \; S(\boldsymbol{d}_3 - \boldsymbol{d}_1)]) \tag{4-16}$$

如果 $\boldsymbol{d}_1$、$\boldsymbol{d}_2$ 和 $\boldsymbol{d}_3$ 三点在同一条直线上，此时有 $(\boldsymbol{d}_2 - \boldsymbol{d}_1) \times (\boldsymbol{d}_3 - \boldsymbol{d}_1) = \boldsymbol{0}$。进一步可得

$$\boldsymbol{d}_2 - \boldsymbol{d}_1 = k_{\mathrm{line}}(\boldsymbol{d}_3 - \boldsymbol{d}_1) \tag{4-17}$$

其中，$k_{\mathrm{line}} \in \mathbb{R}$ 为一个常数。根据行列式的性质，有 $\mathrm{rank}([S(\boldsymbol{d}_2 - \boldsymbol{d}_1) \; S(\boldsymbol{d}_3 - \boldsymbol{d}_1)]) = \mathrm{rank}([S(\boldsymbol{d}_2 - \boldsymbol{d}_1) \; S(\boldsymbol{d}_3 - \boldsymbol{d}_1)]^{\mathrm{T}})$。因此，可以得到

$$\mathrm{rank}(S(\boldsymbol{d}_2 - \boldsymbol{d}_1)^{\mathrm{T}}) = 2 \tag{4-18}$$

这样，有 $\mathrm{rank}(\boldsymbol{B}_{22}) = 5$。在这种情况下，多旋翼飞行器仍然只能产生 5 个自由度的驱动力矩。

如果 $\boldsymbol{d}_1$、$\boldsymbol{d}_2$ 和 $\boldsymbol{d}_3$ 不在同一条直线上，那么有

$$(\boldsymbol{d}_2 - \boldsymbol{d}_1) \times (\boldsymbol{d}_3 - \boldsymbol{d}_1) \neq \boldsymbol{0} \tag{4-19}$$

同样，可以得到

$$\text{rank}(\boldsymbol{B}) = \text{rank}(\boldsymbol{B}_{22}) = 6 \tag{4-20}$$

在这种情况下，多旋翼飞行器能够产生 6 个运动自由度的控制推力和力矩。

不同的模组数量以及模组在飞行器机体上的固定位置，对飞行器机动性能的影响是不一样的。接下来分别分析当 $N = 2,3,4$ 时，组成的多旋翼飞行器的方案，以及飞行器的机动能力，尤其介绍当 $N = 4$ 时，不同的空间配置方案对飞行器机动性能的影响，其中包括过驱动四旋翼飞行器和全向飞行器。

1. 双旋翼飞行器 $(N = 2)$

由两个双自由度倾转模组组成的双旋翼飞行器如图4.4(a) 所示。此时，位置矩阵 $\boldsymbol{D}_{bi} = [\boldsymbol{d}_1, \boldsymbol{d}_2, 0, 0]$ 表示为

$$\boldsymbol{D}_{bi} = l \begin{bmatrix} 0 & 0 & 0 & 0 \\ \dfrac{\sqrt{6}}{3} & -\dfrac{\sqrt{6}}{3} & 0 & 0 \\ \dfrac{\sqrt{3}}{3} & \dfrac{\sqrt{3}}{3} & 0 & 0 \end{bmatrix} \tag{4-21}$$

其中，l 为双自由度倾转模组的固定位置 $\boldsymbol{d}_i$ 到机体几何中心 O_B 的距离。

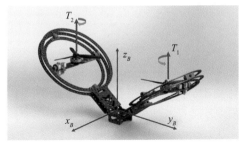

(a)双旋翼飞行器

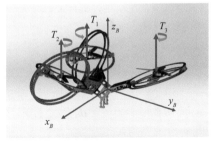

(b)三旋翼飞行器

(c)过驱动四旋翼飞行器

(d)全向飞行器

图 4.4 使用双自由度倾转模组组装而成的多旋翼飞行器

方向矩阵可以描述为

$$\boldsymbol{X}_{bi} = \begin{bmatrix} \mathrm{s}(\alpha_2) & -\mathrm{s}(\alpha_4) & 0 & 0 \\ \mathrm{c}(\alpha_2)\mathrm{s}(\beta_2) & -\mathrm{s}(\beta_4)\mathrm{c}(\alpha_4) & 0 & 0 \\ \mathrm{c}(\alpha_2)\mathrm{c}(\beta_2) & \mathrm{c}(\beta_4)\mathrm{c}(\alpha_4) & 0 & 0 \end{bmatrix} \tag{4-22}$$

其中，$\mathrm{s}(\alpha_i) = \sin\alpha_i$，$\mathrm{c}(\alpha_i) = \cos\alpha_i$。

2. 三旋翼飞行器 $(N = 3)$

相比于传统四旋翼飞行器，三转子组成的三旋翼飞行器具备更高的机动能力[139]。由三个双自由度倾转模组组成的三旋翼飞行器如图4.4(b)所示。其位置矩阵 $\boldsymbol{D}_{\mathrm{tri}}$ 可以表示为

$$\boldsymbol{D}_{\mathrm{tri}} = l \begin{bmatrix} \dfrac{\sqrt{6}}{3} & 0 & \dfrac{-\sqrt{6}}{3} & 0 \\ 0 & \dfrac{\sqrt{6}}{3} & 0 & 0 \\ \dfrac{-\sqrt{3}}{3} & \dfrac{\sqrt{3}}{3} & \dfrac{-\sqrt{3}}{3} & 0 \end{bmatrix} \tag{4-23}$$

方向矩阵表示为

$$\boldsymbol{X}_{\mathrm{tri}} = \begin{bmatrix} \mathrm{s}(\alpha_1) & -\mathrm{s}(\alpha_2) & \mathrm{s}(\alpha_3) & 0 \\ \mathrm{c}(\alpha_1)\mathrm{s}(\beta_1) & -\mathrm{s}(\beta_2)\mathrm{c}(\alpha_2) & \mathrm{c}(\alpha_3)\mathrm{s}(\beta_3) & 0 \\ \mathrm{c}(\alpha_1)\mathrm{c}(\beta_1) & \mathrm{c}(\beta_2)\mathrm{c}(\alpha_2) & \mathrm{c}(\alpha_3)\mathrm{c}(\beta_3) & 0 \end{bmatrix} \tag{4-24}$$

对于传统的三旋翼飞行器，通过在尾部转子的固定机臂上安装一个伺服舵机来调节该转子产生的推力的方向，用于进行飞行器偏航的控制。相比于这种传统的三旋翼飞行器，由三个双自由度倾转模组组成的三旋翼飞行器的每个模组都具备调节偏航力矩的能力。

3. 过驱动四旋翼飞行器 $(N = 4)$

当 $N = 2$ 或者 $N = 3$ 时，转子的配置方案只有一种；当 $N = 4$ 时，转子的配置方案可以是多样的。当四个转子位于同一平面时，组成的飞行器如图4.4(c)所示，称为过驱动四旋翼飞行器。此时，位置矩阵 $\boldsymbol{D}_{\mathrm{quad}} = [\boldsymbol{d}_1, \boldsymbol{d}_2, \boldsymbol{d}_3, \boldsymbol{d}_4]$ 表示为

$$\boldsymbol{D}_{\mathrm{quad}} = l \begin{bmatrix} l_1 & -l_1 & -l_1 & l_1 \\ l_2 & l_2 & -l_2 & -l_2 \\ 0 & 0 & 0 & 0 \end{bmatrix} \tag{4-25}$$

方向矩阵表示为

$$\boldsymbol{X}_{\text{quad}} = \begin{bmatrix} \text{s}(\beta_1) & \text{s}(\alpha_2) & \text{s}(\beta_3) & \text{s}(\alpha_4) \\ \text{s}(\alpha_2)\text{c}(\beta_2) & \text{c}(\alpha_2)\text{s}(\beta_2) & \text{c}(\alpha_3)\text{s}(\beta_3) & \text{s}(\alpha_4)\text{c}(\beta_4) \\ \text{c}(\beta_1)\text{c}(\alpha_1) & \text{c}(\alpha_2)\text{c}(\beta_2) & \text{c}(\beta_3)\text{c}(\alpha_3) & \text{c}(\beta_4)\text{c}(\alpha_4) \end{bmatrix} \tag{4-26}$$

4. 全向飞行器 ($N = 4$)

共面配置结构的多旋翼飞行器的机体转动惯量会随着机体姿态的改变而发生变化，尤其在飞行器大角度机动时，会直接影响飞行器姿态控制的稳定性。本小节将考虑模组 3D 立体化配置的方案。

全向飞行器最早由安德烈教授等提出[48]，属于过驱动飞行器，其平移动力学与旋转动力学相互解耦，能够独立控制飞行器的平移位置和旋转角度，并且飞行器在三维空间中能绕任意轴做 $360°$ 的旋转运动，也可以以任意姿态在空中悬停。因此，全向飞行器应用在隧道、桥梁等内部空间的巡检任务中，可以完全避免巡检盲区。

飞行器的转动惯量随着机体的旋转可表示为 $\boldsymbol{J}' = \boldsymbol{R}\boldsymbol{J}\boldsymbol{R}^{\text{T}}$。其中 $\boldsymbol{J} = \text{diag}(J_{xx}, J_{yy}, J_{zz})$ 表示机体的转动惯量。文献 [140] 证明了对于至少有两个 n 倍旋转轴的固体，惯性张量仅能简化为单位张量的倍数 ($n \geqslant 3$)。因此，假设飞行器的惯性张量主要由模组固定位置决定，忽略连杆的质量，并且模组可以用质点来近似，那么模组位置的矩阵 $\boldsymbol{D}$ 必须满足该准则。满足该准则的顶点包括正四面体的顶点 ($N = 4$)、八面体的顶点 ($N = 6$) 和任意规则排列的两个正四面体的顶点 ($N = 8$)，如图4.5所示。

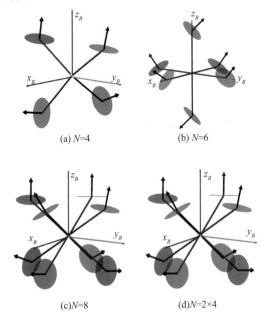

(a) $N=4$　　　　　(b) $N=6$

(c)$N=8$　　　　　(d)$N=2×4$

图 4.5 3D 立体化配置方案

考虑到双自由度倾转模组本身就能提供矢量推力,不需要额外的转子来平衡推力和力矩的输出。使用四个转子组成的全向飞行器如图4.4(d) 所示。位置矩阵 $\boldsymbol{D}_{\text{omni}} = [\boldsymbol{d}_1, \boldsymbol{d}_2, \boldsymbol{d}_3, \boldsymbol{d}_4]$ 表示为

$$\boldsymbol{D}_{\text{omni}} = l \begin{bmatrix} \frac{\sqrt{6}}{3} & 0 & -\frac{\sqrt{6}}{3} & 0 \\ 0 & \frac{\sqrt{6}}{3} & 0 & -\frac{\sqrt{6}}{3} \\ -\frac{\sqrt{3}}{3} & \frac{\sqrt{3}}{3} & -\frac{\sqrt{3}}{3} & \frac{\sqrt{3}}{3} \end{bmatrix} \tag{4-27}$$

方向矩阵表示为

$$\boldsymbol{X}_{\text{omni}} = \begin{bmatrix} \text{s}(\beta_1)\text{c}(\alpha_1) & \text{s}(\alpha_2) & -\text{s}(\beta_3)\text{c}(\alpha_3) & -\text{s}(\alpha_4) \\ -\text{s}(\alpha_1) & \text{c}(\alpha_2)\text{s}(\beta_2) & \text{s}(\alpha_3) & -\text{s}(\beta_4)\text{c}(\alpha_4) \\ \text{c}(\beta_1)\text{c}(\alpha_1) & \text{c}(\alpha_2)\text{c}(\beta_2) & \text{c}(\beta_3)\text{c}(\alpha_3) & \text{c}(\beta_4)\text{c}(\alpha_4) \end{bmatrix} \tag{4-28}$$

理论上,过驱动多旋翼飞行器要是能产生任意方向的推力和力矩,就能实现全向运动。但是,飞行器在全向旋转的过程中,可控性会随着机体的旋转而变化,这是由转子数量和机体结构导致的。定义一个新的指数 ρ,表示全向飞行器的全向可控性。这个指数主要用于描述飞行器在不同机体姿态下的可控性。因此,对该指数有影响的参数有俯仰角 θ 和横滚角 ϕ,即 $0 \leqslant \rho(\theta, \phi) \leqslant 1$。偏航角 ψ 被忽略。令 $\mathcal{C}$ 表示可控性指数的集合,则

$$\mathcal{C} = \left\{ \rho \mid \rho = \frac{\sum\limits_{i=1}^{n} \|\boldsymbol{f}_i\| \cos\theta \cos\phi}{\|\boldsymbol{B}_F \boldsymbol{\Lambda}\|} , \ \theta, \phi \in [0, 2\pi] \right\} \tag{4-29}$$

四种典型的多旋翼飞行平台的可控性指数集合如图4.6所示。对于传统的四旋翼飞行器,飞行器在水平悬停时全向可控性指数是最高的。当飞行器的俯仰角或者横滚角超过 90° 时,飞行器是不可控的,如图4.6(a)所示。对于双轴倾转飞行器[22],控制机臂旋转的轴能够绕轴 360° 旋转,飞行器的全向可控性指数如图4.6(b) 所示。当机体俯仰角和横滚角为 90° 时,飞行器的可控性最低。文献 [25] 提出的全向六旋翼飞行器也能实现全向运动,飞行器的可控性指数如图4.6(c) 所示。由于该飞行器所有的转子都处在同一平面,飞行器的可控性也会随着机体旋转而变化。本书提出的全向飞行器的可控性指数如图4.6(d) 所示,飞行器的可控性不会随着机体的变化而变化。

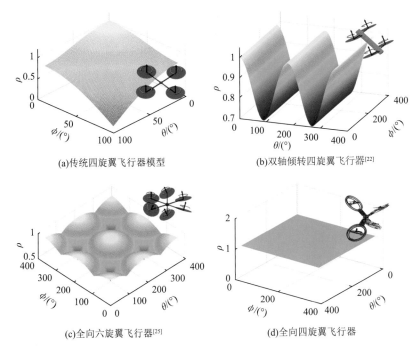

(a)传统四旋翼飞行器模型　　　　　　(b)双轴倾转四旋翼飞行器[22]

(c)全向六旋翼飞行器[25]　　　　　　(d)全向四旋翼飞行器

图 4.6 四种典型的多旋翼飞行平台的可控性指数集合

4.3 动力学模型

4.3.1 双自由度倾转模组

令 $\boldsymbol{\omega}_{Pi}$ 表示模组相对于坐标系 $\mathscr{F}_{Pi}$ 的角速度，$\boldsymbol{\omega}_{Bi}$ 表示相对于坐标系 $\mathscr{F}_{Bi}$ 的角速度，$\boldsymbol{\omega}_{Ai}$ 表示相对于坐标系 $\mathscr{F}_{Ai}$ 的角速度，有

$$\boldsymbol{\omega}_{Pi} = \begin{bmatrix} \omega_{Pi} \\ \omega_{Pj} \\ \omega_{Pk} \end{bmatrix}, \quad \boldsymbol{\omega}_{Bi} = \begin{bmatrix} \omega_{Bn} \\ \omega_{Be} \\ \omega_{Bk} \end{bmatrix}, \quad \boldsymbol{\omega}_{Ai} = \begin{bmatrix} \omega_{Ar} \\ \omega_{Ae} \\ \omega_{Ad} \end{bmatrix} \tag{4-30}$$

坐标系 $\mathscr{F}_{Pi}$ 和坐标系 $\mathscr{F}_{Bi}$ 之间的旋转角度用 α_i 表示为

$$\boldsymbol{\omega}_{Bi} = {}^{Bi}_{Pi}\boldsymbol{R}\,\boldsymbol{\omega}_{Pi} + \begin{bmatrix} 0 \\ 0 \\ \dot{\alpha}_i \end{bmatrix} \tag{4-31}$$

坐标系 $\mathscr{F}_{Bi}$ 到坐标系 $\mathscr{F}_{Ai}$ 的旋转角度用 β_i 表示为

$$\boldsymbol{\omega}_{Ai} = {}_{Bi}^{Ai}\boldsymbol{R}\boldsymbol{\omega}_{Bi} + \begin{bmatrix} 0 \\ \dot{\beta}_i \\ 0 \end{bmatrix} \tag{4-32}$$

内框架和外框架的转动惯量表示为

$$\boldsymbol{J}_{\text{inner}} = \begin{bmatrix} A_r & A_{re} & A_{rd} \\ A_{re} & A_e & A_{de} \\ A_{rd} & A_{de} & A_d \end{bmatrix} \tag{4-33}$$

和

$$\boldsymbol{J}_{\text{outer}} = \begin{bmatrix} B_n & B_{ne} & B_{nk} \\ B_{ne} & B_e & B_{ke} \\ B_{nk} & B_{ke} & B_k \end{bmatrix} \tag{4-34}$$

基于牛顿定理，内框架的运动学方程可描述为

$$\boldsymbol{M}_A = \frac{\mathrm{d}}{\mathrm{d}t}\boldsymbol{H}_A + \boldsymbol{\omega}_{Ai} \times \boldsymbol{H}_A \tag{4-35}$$

这样，内框架的角动量描述为

$$\begin{aligned} \boldsymbol{H}_A &= \boldsymbol{J}_{\text{inner}}\boldsymbol{\omega}_{Ai} \\ &= \begin{bmatrix} A_r\omega_{Ar} + A_{re}\omega_{Ae} + A_{rd}\omega_{Ad} \\ A_{re}\omega_{Ar} + A_e\omega_{Ae} + A_{de}\omega_{Ad} \\ A_{rd}\omega_{Ar} + A_{de}\omega_{Ae} + A_d\omega_{Ad} \end{bmatrix} = \begin{bmatrix} H_r \\ H_e \\ H_d \end{bmatrix} \end{aligned} \tag{4-36}$$

基于式（4-36），内框架的角速度表示为

$$A_e\dot{\omega}_{Ae} = M_{\text{in}} + M_{D\text{in}} \tag{4-37}$$

其中

$$\begin{aligned} M_{D\text{in}} =& (A_d - A_r)\omega_{Ar}\omega_{Ad} - A_{re}(\dot{\omega}_{Ar} + \omega_{Ae}\omega_{Ad}) \\ & + A_{rd}(\omega_{Ar}^2 - \omega_{Ad}^2) - A_{de}(\dot{\omega}_{Ad} - \omega_{Ae}\omega_{Ar}) \end{aligned} \tag{4-38}$$

$$M_{\text{in}} = \dot{H}_e + \omega_{Ad}H_r - \omega_{Ar}H_d \tag{4-39}$$

假设内框架的质量分布是均匀的，则 $A_{re} = A_{rd} = A_{de} = 0$。式（4-37）可进一步写为

$$A_e\dot{\omega}_{Ae} = M_{\text{in}} + (A_d - A_r)\omega_{Ar}\omega_{Ad} \tag{4-40}$$

对于内框架，外部扰动包括耦合力矩 $M_{G,\text{in}}$、摩擦力矩 $M_{f,\text{in}}$，以及由外框架伺服舵机产生的力矩 M_β：

$$M_{\mathrm{in}} = M_\beta - M_{G,\mathrm{in}} - M_{f,\mathrm{in}} \tag{4-41}$$

其中，$M_{G,\mathrm{in}} = J_z \varpi \cdot \dot{\alpha} \cos \beta = H_z \dot{\alpha} \cos \beta$，$J_z$ 为高速转子的径向转动惯量。

将式（4-40）代入式（4-41），得到

$$M_\beta = A_e \dot{\omega}_{Ae} - (A_d - A_r)\omega_{Ar}\omega_{Ad} + M_{G,\mathrm{in}} + M_{f,\mathrm{in}} \tag{4-42}$$

相对于坐标系 $\mathscr{F}_{Bi}$ 的角动量可表示为

$$\boldsymbol{H}_B = \begin{bmatrix} H_i \\ H_j \\ H_k \end{bmatrix} = \boldsymbol{J}_{\mathrm{outer}}\boldsymbol{\omega}_{Bi} + {}^{Ai}_{Bi}\boldsymbol{R}^{\mathrm{T}}\boldsymbol{J}_{\mathrm{inner}}\boldsymbol{\omega}_{Ai} \tag{4-43}$$

作用在外框架即坐标系 $\mathscr{F}_{Bi}$ 上的转矩方程可以写为

$$\boldsymbol{M}_B = \frac{\mathrm{d}}{\mathrm{d}t}\boldsymbol{H}_B + \boldsymbol{\omega}_{Bi} \times \boldsymbol{H}_B \tag{4-44}$$

假设外框架的质量分布是均匀而且中心对称的，即 $B_{ne} = B_{nk} = B_{ke} = 0$。由于外框架绕轴 k 旋转，式（4-44）的 k 轴分量就表示外框架的运动方程，可以表示为

$$H_k = B_k \omega_{Bk} - A_r \omega_{Ar} \sin \beta + A_d \omega_{Ad} \cos \beta \tag{4-45}$$

且

$$\begin{aligned} (\boldsymbol{\omega}_{Bi} \times \boldsymbol{H}_B)_k = {} & B_e \omega_{Bn}\omega_{Be} + A_e \omega_{Bn}\omega_{Ae} - B_n \omega_{Be}\omega_{Bn} \\ & - A_r \omega_{Be}\omega_{Ar}\cos\beta - A_d \omega_{Be}\omega_{Ar}\sin\beta \end{aligned} \tag{4-46}$$

对于外框架，受到的外部力矩包括耦合力矩 $M_{G,\mathrm{out}}$、摩擦力矩 $M_{f,\mathrm{out}}$ 以及固定在外框架上的伺服舵机提供的力矩 M_α。令 M_{out} 为作用在外框架上的合力矩，有

$$M_{\mathrm{out}} = M_\alpha - M_{G,\mathrm{out}} - M_{f,\mathrm{out}} \tag{4-47}$$

其中，$M_{G,\mathrm{out}} = J_z \varpi \cdot \dot{\beta}\cos\beta = H_z \dot{\beta}\cos\beta$。

基于方程（4-44）∼（4-47），外框架电机的输出力矩可表示为

$$\begin{aligned} M_\alpha = {} & M_{\mathrm{out}} + M_{G,\mathrm{out}} + M_{f,\mathrm{out}} \\ = {} & B_k(\dot{\omega}_{pk} + \ddot{\alpha}) + B_e \omega_{Bn}\omega_{Be} + A_e \omega_{Bn}\omega_{Ae} - B_n \omega_{Be}\omega_{Bn} \\ & - A_r \omega_{Be}\omega_{Ar}\cos\beta - A_d \omega_{Be}\omega_{Ar}\sin\beta + H_z \dot{\beta}\cos\beta + M_{f,\mathrm{out}} \end{aligned} \tag{4-48}$$

4.3.2　多旋翼飞行器动力学几何描述

定义在机体坐标系下飞行器的角速度为 $\boldsymbol{\omega} \in \mathbb{R}^3$，线速度为 $\boldsymbol{v} \in \mathbb{R}^3$。定义飞行器在惯性坐标系中的速度为 $\boldsymbol{p} = [x,y,z] \in \mathbb{R}^3$。基于牛顿-欧拉方程，飞行器的

动力学方程可描述为

$$\begin{bmatrix} m\boldsymbol{I}_3 & \boldsymbol{0} \\ \boldsymbol{0} & \boldsymbol{J} \end{bmatrix} \begin{bmatrix} \dot{\boldsymbol{v}} \\ \dot{\boldsymbol{\omega}} \end{bmatrix} + \begin{bmatrix} \boldsymbol{0} & \boldsymbol{0} \\ \boldsymbol{0} & S(\boldsymbol{\omega})\boldsymbol{J} \end{bmatrix} \begin{bmatrix} \boldsymbol{v} \\ \boldsymbol{\omega} \end{bmatrix} + \begin{bmatrix} mg\boldsymbol{R}^{\mathrm{T}}\boldsymbol{e}_3 \\ \boldsymbol{0} \end{bmatrix} = \begin{bmatrix} \boldsymbol{F} \\ \boldsymbol{M} \end{bmatrix} \tag{4-49}$$

其中，$\boldsymbol{J} \in \mathbb{R}^{3\times3}$ 是多旋翼飞行器的机体转动惯量；$\boldsymbol{v} = \boldsymbol{R}^{\mathrm{T}}\dot{\boldsymbol{p}}$。

令 $\boldsymbol{G} = (\boldsymbol{R}, \boldsymbol{p})$ 为飞行器在位形空间 SE(3) 中的位形，$\hat{\boldsymbol{\xi}} = (\hat{\boldsymbol{\omega}}, \boldsymbol{v})$ 为其相应的李代数，有

$$\boldsymbol{G} = \begin{bmatrix} \boldsymbol{R} & \boldsymbol{p} \\ \boldsymbol{0} & 1 \end{bmatrix}, \quad \hat{\boldsymbol{\xi}} = \begin{bmatrix} \hat{\boldsymbol{\omega}} & \boldsymbol{v} \\ \boldsymbol{0} & \boldsymbol{0} \end{bmatrix} \tag{4-50}$$

其中，$\boldsymbol{\xi} = [\boldsymbol{v}^{\mathrm{T}}, \boldsymbol{\omega}^{\mathrm{T}}]^{\mathrm{T}} \in \mathbb{R}^6$；$\boldsymbol{R} = [\phi, \theta, \psi] \in \mathbb{R}^3$。

伴随矩阵表示为

$$\mathrm{Ad}(\boldsymbol{G}) = \begin{bmatrix} \boldsymbol{R} & \hat{\boldsymbol{p}}\boldsymbol{R} \\ \boldsymbol{0} & \boldsymbol{R} \end{bmatrix}, \quad \mathrm{ad}(\xi) = \begin{bmatrix} \hat{\boldsymbol{\omega}} & \hat{\boldsymbol{p}} \\ \boldsymbol{0} & \hat{\boldsymbol{\omega}} \end{bmatrix} \tag{4-51}$$

则飞行器的动态模型可表示为

$$\dot{\boldsymbol{G}} = \boldsymbol{G} \cdot \hat{\boldsymbol{\xi}} \tag{4-52}$$

$$\boldsymbol{C}\dot{\boldsymbol{\xi}} = \mathrm{ad}(\xi)\boldsymbol{C}\boldsymbol{\xi} + \mathrm{Ad}(\boldsymbol{G})\boldsymbol{g}_1 + \boldsymbol{U} \tag{4-53}$$

其中，$\boldsymbol{C} = \begin{bmatrix} m\boldsymbol{I}_3 & \boldsymbol{0} \\ \boldsymbol{0} & \boldsymbol{J} \end{bmatrix} \in \mathbb{R}^{6\times6}$，$\boldsymbol{U} = \begin{bmatrix} \boldsymbol{F} \\ \boldsymbol{M} \end{bmatrix} \in \mathbb{R}^6$，$\boldsymbol{g}_1 = [0,0,0,0,0,-mg]^{\mathrm{T}}$。

4.4　控制器设计

本节基于李雅普诺夫函数设计一种非线性控制器，可以跟踪任意的位姿 $\boldsymbol{G}_d(t)$，并且所述控制器能够同时应用于欠驱动和过驱动系统。控制输入可表示为 $\boldsymbol{U} = \boldsymbol{B}\boldsymbol{\Lambda}(\alpha, \beta)$，$\boldsymbol{B} \in \mathbb{R}^{12\times12}$。由于控制分配矩阵 $\boldsymbol{B}$ 中不包含未知变量，可使用伪逆矩阵的方法计算出每个致动器的输入。所述控制策略的控制框图如图4.7所示，飞行器控制器能够根据期望的位姿和估算的实际位姿，计算出期望控制推力 $\boldsymbol{F}$ 和力矩 $\boldsymbol{M}$。控制分配策略依据输入的期望推力和力矩计算出每个转子和伺服舵机的期望输入 $(\varpi_i, \alpha_i, \beta_i)$。飞行器主控制系统通过 CAN（控制器局域网）总线，将转子和伺服舵机的期望输入发送到各个倾转模组控制器中。倾转模组控制器可以通过接收到的指令，实时控制推力的大小和方向。

令 $\boldsymbol{G}_d(t)$ 表示飞行器在 SE(3) 空间中的期望位姿，可以表示为

$$\boldsymbol{G}_d = \begin{bmatrix} \boldsymbol{R}_d & \boldsymbol{p}_d^w \\ \boldsymbol{0} & 1 \end{bmatrix} \tag{4-54}$$

其中，$\boldsymbol{R}_d \in \mathrm{SO}(3)$ 为飞行器的期望姿态；$\boldsymbol{p}_d^w \in \mathbb{R}^3$ 为在惯性坐标系 $\mathscr{F}_W$ 中的位置。

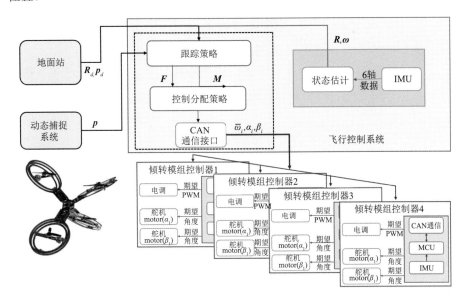

图 4.7 控制策略示意图

（IMU 指惯性测量单元，PWM 指脉宽调制，MCU 指微控制单元）

令 $\boldsymbol{G}(t)$ 表示飞行器在 SE(3) 空间中的实时位姿，表示为

$$\boldsymbol{G} = \begin{bmatrix} \boldsymbol{R} & \boldsymbol{p}^w \\ \boldsymbol{0} & 1 \end{bmatrix} \tag{4-55}$$

控制器的控制目标是设计控制策略 $\boldsymbol{U} \in \mathbb{R}^6$ s.t. $\lim_{t \to \infty} \boldsymbol{G}_c(t) = \boldsymbol{G}_d$。位形误差可以表示为

$$\boldsymbol{G}_e = \boldsymbol{G}_d^{-1}\boldsymbol{G} = \begin{bmatrix} \boldsymbol{R}_d^{\mathrm{T}}\boldsymbol{R} & \boldsymbol{R}_d^{\mathrm{T}}(\boldsymbol{p}^w - \boldsymbol{p}_d^w) \\ \boldsymbol{0} & 1 \end{bmatrix} = \begin{bmatrix} \boldsymbol{R}_e & \boldsymbol{R}_d^{\mathrm{T}}\boldsymbol{e}_p \\ \boldsymbol{0} & 1 \end{bmatrix} \tag{4-56}$$

令 $\boldsymbol{\xi}_d = [\boldsymbol{v}_d^{\mathrm{T}}, \boldsymbol{\omega}_d^{\mathrm{T}}]^{\mathrm{T}} \in \mathbb{R}^6$ 表示飞行器的期望速度。向量 $\boldsymbol{\xi}$ 和 $\boldsymbol{\xi}_d$ 分别位于不同的位形空间，因此不能直接比较。在 SE(3) 中，用伴随映射 $\mathrm{Ad}(\star): \mathrm{se}(3) \to \mathrm{se}(3)$ 表示将不同的向量转换到同一空间进行比较。式（4-56）中定义的误差函数就是将在期望坐标系中的参考速度 $\boldsymbol{\xi}_d$ 转换到当前机体坐标系中。则速度误差 $\boldsymbol{e}_\xi$ 可表示为

$$\boldsymbol{e}_\xi = \boldsymbol{\xi} - \mathrm{Ad}(\boldsymbol{G}_e^{-1})\boldsymbol{\xi}_d \tag{4-57}$$

和

$$\mathrm{Ad}(\boldsymbol{G}_e^{-1}) = \begin{bmatrix} \boldsymbol{R}^{\mathrm{T}}\boldsymbol{R}_d & \boldsymbol{0} \\ -\boldsymbol{R}^{\mathrm{T}}S(\boldsymbol{e}_p)\boldsymbol{R}_d & \boldsymbol{R}^{\mathrm{T}}\boldsymbol{R}_d \end{bmatrix} \in \mathbb{R}^{6\times6} \tag{4-58}$$

定义一个平滑的非负势函数来描述位姿误差：

$$\Phi := \Phi_1(R) + \Phi_2(p) \tag{4-59}$$

其中，$\Phi_2(p) = \dfrac{1}{2}\boldsymbol{e}_p^{\mathrm{T}}\boldsymbol{K}_2\boldsymbol{e}_p$ 为位置误差；姿态误差 $\Phi_1(R)$ 表示为

$$\Phi_1(R) = \dfrac{1}{2}(\boldsymbol{K}_1 - \boldsymbol{K}_1\boldsymbol{R}_d^{\mathrm{T}}\boldsymbol{R}_c) \tag{4-60}$$

其中，$\boldsymbol{K}_1 = \mathrm{diag}[k_1, k_2, k_3] \in \mathbb{R}^{3\times3}$ 是一个正常数矩阵。位形误差函数 Φ 的导数可以写为

$$\dot{\Phi} = \nabla\Phi \cdot \boldsymbol{e}_\xi \tag{4-61}$$

和

$$\nabla\boldsymbol{\Phi}^{\mathrm{T}} = \begin{bmatrix} \boldsymbol{K}_2\boldsymbol{R}_c^{\mathrm{T}}\boldsymbol{e}_p \\ \boldsymbol{K}_1(K\boldsymbol{R}_d^{\mathrm{T}}\boldsymbol{R}_c - \boldsymbol{R}_c^{\mathrm{T}}\boldsymbol{R}_dK)^{\vee} \end{bmatrix} \in \mathbb{R}^6 \tag{4-62}$$

根据式 (4-56)，误差函数的导数可写为

$$\begin{aligned}
\dot{\boldsymbol{e}}_\xi &= \dot{\boldsymbol{\xi}} - \mathrm{Ad}(\boldsymbol{G}_e^{-1})\dot{\boldsymbol{\xi}}_d - \frac{\mathrm{dAd}(\boldsymbol{G}_e^{-1})}{\mathrm{d}t}\boldsymbol{\xi}_d \\
&= \dot{\boldsymbol{\xi}} - \mathrm{Ad}(\boldsymbol{G}_e^{-1})\dot{\boldsymbol{\xi}}_d - \mathrm{ad}(\boldsymbol{G}_e)\mathrm{Ad}(\boldsymbol{G}_e^{-1})\boldsymbol{\xi}_d
\end{aligned} \tag{4-63}$$

将式 (4-53) 代入式 (4-63)，可得

$$\begin{aligned}
\dot{\boldsymbol{e}}_{\boldsymbol{\xi}} =& \boldsymbol{C}^{-1}\Big(\mathrm{ad}(\boldsymbol{\xi})\boldsymbol{C}\boldsymbol{\xi} + \mathrm{Ad}(\boldsymbol{G})\boldsymbol{g}_1 + \boldsymbol{U}\Big) \\
&- \mathrm{Ad}(\boldsymbol{G}_e^{-1})\dot{\boldsymbol{\xi}}_d - \mathrm{ad}(\boldsymbol{G}_e)\mathrm{Ad}(\boldsymbol{G}_e^{-1})\boldsymbol{\xi}_d
\end{aligned} \tag{4-64}$$

则飞行器的动力学模型可写为

$$\begin{aligned}
\boldsymbol{C}\dot{\boldsymbol{e}}_\xi =& \mathrm{ad}(\boldsymbol{\xi})\boldsymbol{C}\boldsymbol{\xi} + \mathrm{Ad}(\boldsymbol{G})\boldsymbol{g}_1 + \boldsymbol{U} \\
&- \boldsymbol{C}\big(\mathrm{Ad}(\boldsymbol{G}_e^{-1})\dot{\boldsymbol{\xi}}_d + \mathrm{ad}(\boldsymbol{G}_e)\mathrm{Ad}(\boldsymbol{G}_e^{-1})\boldsymbol{\xi}_d\big)
\end{aligned} \tag{4-65}$$

这样，轨迹跟踪问题就可以转化为误差系统的平衡点镇定问题 (4-65)。选择一个总能量函数 $W_{\mathrm{total}}(t)$ 作为李雅普诺夫函数，即

$$W_{\mathrm{total}}(t) = \Phi + \dfrac{1}{2}\boldsymbol{e}_\xi^{\mathrm{T}}\boldsymbol{C}\boldsymbol{e}_\xi \tag{4-66}$$

取李雅普诺夫函数 (4-66) 的导数，可以表示为

$$\frac{\mathrm{d}}{\mathrm{d}t}W_{\text{total}}(t) = \nabla\Phi \cdot \boldsymbol{e}_\xi + \boldsymbol{e}_\xi^{\mathrm{T}}\Big[\operatorname{ad}(\xi)\boldsymbol{C}\boldsymbol{\xi} + \operatorname{Ad}(\boldsymbol{G})\boldsymbol{g}_1 + \boldsymbol{U}$$
$$- \boldsymbol{C}\big(\operatorname{Ad}(\boldsymbol{G}_e^{-1})\dot{\boldsymbol{\xi}}_d + \operatorname{ad}(\boldsymbol{G}_e)\operatorname{Ad}(\boldsymbol{G}_e^{-1})\boldsymbol{\xi}_d\big)\Big] \tag{4-67}$$

控制策略即可表示为

$$\boldsymbol{U} = -\nabla\Phi^{\mathrm{T}} - k_d\boldsymbol{\xi}_d - \operatorname{ad}(\boldsymbol{\xi})\boldsymbol{C}\boldsymbol{\xi} - \operatorname{Ad}(\boldsymbol{G})\boldsymbol{g}_1$$
$$+ \boldsymbol{C}\big(\operatorname{Ad}(\boldsymbol{G}_e^{-1})\dot{\boldsymbol{\xi}}_d + \operatorname{ad}(\boldsymbol{G}_e)\operatorname{Ad}(\boldsymbol{G}_e^{-1})\boldsymbol{\xi}_d\big) \tag{4-68}$$

其中，$k_d > 0$ 为阻尼增益。

4.5　仿 真 测 试

本节分别描述双旋翼飞行器、过驱动四旋翼飞行器和全向飞行器的仿真结果。在第一个仿真中介绍使用两个倾转模组组成的双旋翼飞行器；在第二个仿真中介绍四个倾转模组共面配置方案组成的过驱动四旋翼飞行器，并且测试飞行器的过驱动机动能力；在第三个仿真中介绍由四个倾转模组组成的全向飞行器，主要验证其全向飞行的可行性。

仿真平台基于 SolidWorks 和 Simulink 联合仿真实现。首先将在 SolidWorks 中带质量属性的飞行器三维模型导入 Simulink 中；然后通过 Simscape 插件，给飞行器添加六自由度的运动自由度和转子的推力属性。这种做法的优势在于可以很真实地模拟现实环境，而且可以直观地观察飞行器的运动轨迹。

4.5.1　双旋翼飞行器

在这个仿真中，控制双旋翼飞行器（$N = 2$）跟踪一个圆形的轨迹。所选取的期望轨迹 $\boldsymbol{p}_d(t)$ 是一个距离地面高度 $z = 2.0\text{m}$、半径为 2m 的圆形曲线，表示为

$$\boldsymbol{p}_d(t) = \begin{bmatrix} 2\sin(0.5t) \\ 2\cos(0.5t) \\ 2.0 \end{bmatrix} (\text{m}) \tag{4-69}$$

双旋翼飞行器仿真结果如图 4.8所示。如图 4.8(b) 所示，双旋翼飞行器从 A 点起飞，上升 2m 后到达 B 点，然后开始沿着圆形轨迹飞行。由于 A 点到 B 点的间隔有一定的时间延迟，双旋翼飞行器的轨迹不是正弦信号。图 4.8(a) 显示了所需的正弦位置，图 4.8(b) 显示了双旋翼飞行器在 3D 空间中的位置跟踪结果，证明双旋翼飞行器可以实现复杂轨迹的跟踪任务。

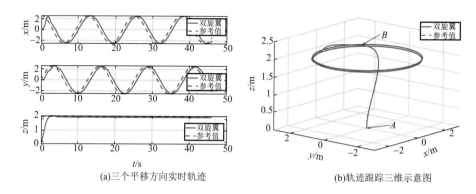

(a)三个平移方向实时轨迹　　　　　　　　(b)轨迹跟踪三维示意图

图 4.8 双旋翼飞行器圆形轨迹跟踪示意图

4.5.2　过驱动四旋翼飞行器

在此仿真中，控制过驱动四旋翼飞行器 ($N = 4$) 以跟踪 6D 轨迹。当过驱动四旋翼飞行器跟踪圆形轨迹时，四旋翼飞行器的方向始终指向地面上的 A 点，如图 4.9(d) 所示。选择的目标位置轨迹 $\boldsymbol{p}_d(t)$ 是一个水平的圆形，在离地面 $z = 1.5$m 的高度飞行，即

$$\boldsymbol{p}_d(t) = \begin{bmatrix} 0.55\sin(0.5t) \\ 0.55\cos(0.5t) \\ 1.5 \end{bmatrix} \text{(m)} \tag{4-70}$$

所选择的机体姿态 $\boldsymbol{R}_d(t)$ 可以表示为

$$\begin{cases} \phi(t) = 19\cos(0.5t)^{(\circ)} \\ \theta(t) = 19\sin(0.5t)^{(\circ)} \\ \psi(t) = 0^{(\circ)} \end{cases} \tag{4-71}$$

过驱动四旋翼飞行器的仿真结果如图 4.9所示。首先，飞行器从 A 点起飞，然后跟踪半径为 0.55m 的圆形轨迹，如图 4.9(c) 所示。当四旋翼飞行器跟踪圆形轨迹时，方向始终指向 A 点，如图 4.9(d) 所示。从仿真结果图 4.9(a) 和 (b) 可以看出，当飞行器的位置发生变化时，姿态也可以独立控制，这也证明过驱动四旋翼飞行器的位置动力学与其姿态动力学解耦。需要注意的是，这种机动性能可以替代云台在巡检任务中的作用。

4.5.3　全向飞行器

本节进行全向飞行器（$N = 4$）的全向运动测试。飞行器在水平面上绕 y_B 轴旋转。图4.10(a)~(f) 依次表示双自由度倾转模组在 360° 旋转过程中的不同位置。图4.11 显示了绕 y_B 轴旋转的俯仰角。

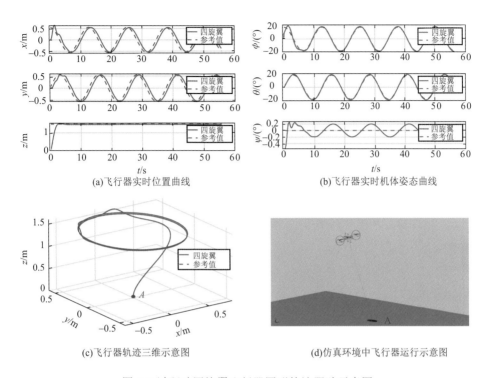

(a)飞行器实时位置曲线　　　　　　　　(b)飞行器实时机体姿态曲线

(c)飞行器轨迹三维示意图　　　　　　　(d)仿真环境中飞行器运行示意图

图 4.9 过驱动四旋翼飞行器圆形轨迹跟踪示意图

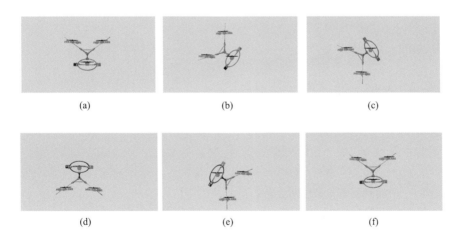

(a)　　　　　　　　(b)　　　　　　　　(c)

(d)　　　　　　　　(e)　　　　　　　　(f)

图 4.10 在绕 y_B 轴旋转过程中全向飞行器的俯仰角的实时变化

由图4.11可以看出,所述全向飞行器在不同的时刻旋转速率是不一样的,这主要是由飞行器在旋转过程中控制器对不同姿态的控制性能不同导致的。全向飞行器在旋转一周的过程中,双自由度倾转模组会随着机体的旋转而调整,保证每个模组所提供的矢量推力的方向相对惯性坐标系始终是向上的。这样做的好处就是保证飞行器的能量利用效率是最高的。在一些现场环境复杂的场合，对飞行器的抗风性能要求比较高，可以采用倾斜转子的控制方案。在这种方案中，每个倾转模组提供的矢量推力不再相互平行，而是相互交叉，通过产生的水平分力来补偿偏航控制力矩的不足。

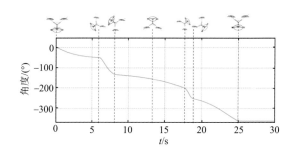

图 4.11 全向飞行器绕 y_B 轴旋转 360°过程中不同时刻的状态

4.6 实 验 验 证

4.6.1 样机实现

双自由度倾转模组的主体由碳纤维材料制成，保证其有足够的强度以防止弯曲和扭转。连接构件和电机支撑座由 3D 打印机制作，打印材料为尼龙。4S 锂电池（16V）供电的电子调速器驱动直流无刷电机旋转，可提供 2000g 的最大推力。

模组飞行器的结构组成如图4.12所示。两个倾转模组通过连接件拼接，可以组装成一个双旋翼飞行器。两个所述双旋翼飞行器可以平行组装成一个过驱动四旋翼飞行器。两个所述双旋翼飞行器通过垂直方式组装，可以组成一个全向飞行器。飞行控制板上集成了 STM32F405 微控制器和 MPU6500 陀螺仪，运行轨迹跟踪算法。同时，在进行实验测试时，外部动作捕捉系统反馈的信息通过数传模块发送到飞行控制板上。分电板将锂电池的电压分成 4 路，分别给每个模组供电。倾转模组控制板用于控制倾转模组上两个伺服舵机的倾转角和直流无刷电机的转速。

4.6.2 双自由度倾转模组测试

水平飞行时，双自由度倾转模组调整推力输出方向以产生水平分量。伺服舵机需要以固定角度旋转。因此，在第一个实验中，双自由度倾转模组将按照给定的正弦信号命令运动，以测试跟踪精度。

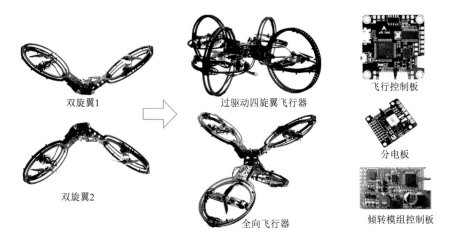

图 4.12 由倾转模组组成多旋翼飞行器示意图

实验结果如图4.13(a) 所示，为了测试机身振动对双万向节推力模块的影响，测试了飞行器悬停过程中伺服舵机跟踪目标角度的误差。目标角度为 $\alpha_i = \beta_i = 0$，实验结果如图4.13(b) 所示。由图4.13(a) 可以看出，实际输出的角度可以很好地匹配参考命令，最大角度误差控制在 $0.3°$。由图4.13(b) 可以看出，双自由度倾转模组在受到外部一个快速的干扰后，可以快速调整到期望姿态，最大误差小于 $0.4°$。期望值和目标值之间的延迟是由伺服舵机的大减速比和姿态传感器的测量误差引起的。

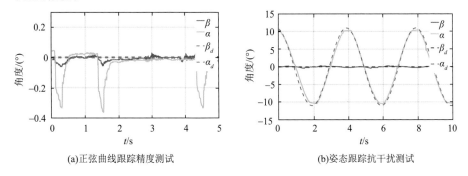

(a)正弦曲线跟踪精度测试　　　　　　　(b)姿态跟踪抗干扰测试

图 4.13 双自由度倾转模组测试结果

4.6.3　悬停测试

本节使用四个实验来证明可重构模块化飞行器相对于标准欠驱动配置飞行器显著增强了飞行器的灵活性和机动性。第一个实验证明两个倾转模组可以用来组成一个过驱动的双旋翼飞行器。三旋翼飞行器由三个倾转模组组成，它的机动性在第二个实验中展示。由四个倾转模组组成的过驱动四旋翼飞行器的悬停测试在第三个实验中完成。在第四个实验中，测试了由 4 个倾转模组组成的全向飞行器的机动性。

图4.14 展示了四种飞行器的悬停结果：图4.14(a) 为双旋翼飞行器在悬停过程中的姿态跟踪误差。蓝色曲线和红色曲线分别代表滚转角和俯仰角的跟踪误差，最大值为 0.3°。然而，橙色曲线所代表的最大偏航误差为 0.8°。双旋翼飞行器只能通过直流无刷电机的反向扭矩来调整偏航运动。但是直流无刷电机的反向扭矩比自身产生的推力小两个数量级导致偏航跟踪误差大于滚转/俯仰跟踪误差。

三旋翼飞行器的姿态跟踪误差如图4.14(b) 所示。其偏航运动跟踪误差最大为 1.2°，横滚运动跟踪误差和俯仰运动跟踪误差在 0.5°以内。偏航跟踪误差大于滚转跟踪误差的原因是其机械结构不对称。

过驱动四旋翼飞行器的姿态跟踪误差如图4.14(c) 所示。它的偏航运动跟踪误差也超过了 1.0°。由于四旋翼飞行器的旋翼平面是倾斜的，每个旋翼可以在水平方向产生一个分量，有助于提高飞机的风载荷。

最后，图4.14(d) 显示了全向飞行器的跟踪误差。双自由度倾转模组倾斜引起的机械振动在全向飞行器中更为明显。因此，全向飞行器的姿态跟踪误差也比较大。但与其他飞行器相比，全向飞行器的偏航误差最小，保持在 0.5°以内。这也证明了三维结构可以提高飞机控制偏航运动的能力。

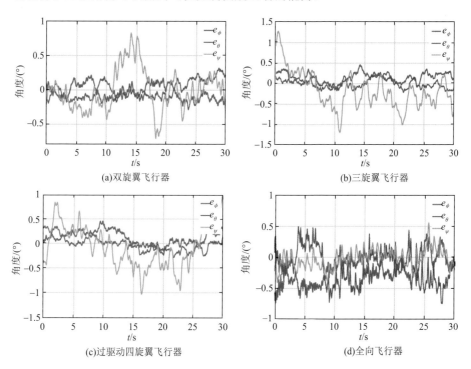

图 4.14 悬停测试结果

4.6.4　全向运动测试

本实验的目的是测试飞行器在 3D 空间中的全向性。飞行器围绕其 x_B 轴旋转 $360°$，同时保持其位置不变。姿态跟踪误差和位置跟踪误差如图4.15所示。

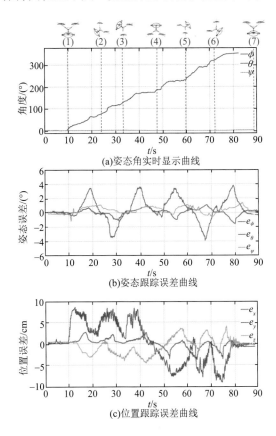

图 4.15 全向运动测试结果

图4.15(a) 展示了全向飞行器姿态角与时间的关系。0~10s,飞行器在离地 150cm 的高度盘旋。从第 10s 开始,飞行器在控制指令下开始绕 x_B 轴旋转。图4.15(b) 显示了飞行器的姿态跟踪误差。图4.15(c) 显示了飞行器的位置跟踪误差。跟踪误差的变化是由于双自由度倾转模组在旋转过程中的位置变化,导致控制分配矩阵的变化。但是可以看出跟踪误差在 10s、24s、32s、48s、60s、72s 和 90s 时相对较小。在这些状态下,飞机的推力输出和质量分布是对称的。因此,所述飞行器具有更高的可控性。

由于飞行器的规则四面体布局和双自由度倾转模组设计,状态 (4) 和状态 (1) 的扭矩分布是相同的。这样,当飞行器旋转时,它可以提供任意方向的推力和扭矩输出。图4.15(a) 显示飞行器可以在任何姿态下悬停。

4.7　本章小结

　　本章研究了模块化多旋翼飞行器的设计及拓扑结构优化方法。特别地，设计了一种可以同时控制推力大小和方向的双自由度倾转模组，证明了由所述双自由度倾转模组组成可控的多旋翼飞行器所需要的最少的模组数量。然后分别介绍了四种由双自由度倾转模组组成的双旋翼飞行器、三旋翼飞行器、过驱动四旋翼飞行器和全向飞行器，并基于李雅普诺夫函数设计了一种非线性轨迹跟踪策略，能够同时适用于欠驱动和过驱动飞行器。最后通过样机制作和实验测试，验证了设计概念的可行性，以及控制算法的有效性。其中，通过过驱动四旋翼飞行器的测试，验证了独立控制过驱动飞行器位置和姿态的可行性；通过全向飞行器的全向飞行测试，证明了所述飞行器的高机动能力。

第 5 章 微型过驱动八旋翼飞行器碰撞恢复控制及其最优轨迹

5.1 引　　言

　　受制于能源技术以及新材料的发展，传统的微型飞行器面临着巡航时间短、野外环境生存能力弱等问题。生存能力弱主要表现在抗风能力弱、难以应对不明物体的碰撞。微型飞行器的质量往往比较小，在野外环境中，昆虫、鸟类及冰雹等的质量都比较大，这些都是微型飞行器安全飞行最大的威胁。微型飞行器在飞行过程中，除了被其他物体碰撞，也有可能碰撞到其他大惯量的物体。因此，微型飞行器在三维空间中的主要威胁可以概括为"时间随机、任意方向、力度未知"的不明飞行物的碰撞。如果无法解决这个威胁，那么微型飞行器将很难应用到实际生产场景中。为了应对空间中任意方向不明物体对飞行器的威胁，深圳市大疆创新科技有限公司开发的 M300-RTK 飞行平台中，首次在飞行器的每个方向布置了双目传感器和雷达来探测周围环境。对于微型飞行器，这种方案实现的难度非常大。

　　本章的内容安排如图5.1所示，介绍一种以机动响应速度最优为优化目标而设计的转子非共面配置的微型过驱动八旋翼飞行器。该方案可以保证飞行器在每个自由度的控制都具有最快的响应速度，并且实现飞行器位置控制与姿态控制的解耦。所述微型过驱动八旋翼飞行器同样能够跟踪 6D 轨迹。蚊子在雨中飞行时被超出自身质量几十倍的雨滴击中后，会随着雨滴降落的方向向下飞行，同时身体侧倾，逐渐摆脱雨滴。受此启发，控制所述微型过驱动八旋翼飞行器在受到高空坠物碰撞后，通过模拟蚊子的机动动作恢复其自身姿态。将飞行器处理高空坠物的机动动作应用到处理横向碰撞和底部碰撞，帮助飞行器应对空中任意方向的碰撞，称为"顺势而为"三维恢复策略。所述恢复策略能够生成满足动力学约束的飞行器 6D 轨迹。基于四元数开发的降级姿态控制策略可以保证飞行器在被碰撞后能够快速恢复到平衡姿态，能够优先响应飞行器姿态的平衡控制。在飞行器到达降级姿态后，再调节飞行器的偏航方向。

　　本章的结构安排如下：5.2 节介绍可控性最优的优化设计准则和飞行器的配

置方案，并分析所设计样机的配置方案的容错性；5.3 节介绍基于四元数的降级姿态控制策略；5.4 节介绍一种受蚊子躲避雨滴机动动作启发的"顺势而为"三维被动碰撞恢复策略，并在所设计的样机上对所述控制策略进行实验验证；5.5 节提出一种适用于过驱动多旋翼飞行器的 6D 最优时间轨迹生成算法，并通过飞行实验验证所提算法的有效性；5.6 节对本章内容进行总结。

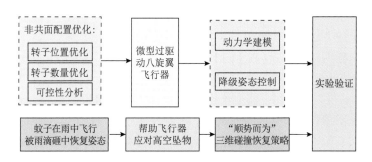

图 5.1　本章内容安排 (微型过驱动八旋翼飞行器碰撞恢复)

5.2　结构设计与运动机理分析

为了能够模仿蚊子被雨滴砸中后恢复自身姿态的机动动作，飞行器样机的设计目标是能够快速地向任意方向机动，而且位置控制和姿态控制能够独立运动，这就要求飞行器具备能够产生任意方向推力和力矩的能力。同时，为了保证飞行器能够快速加减速，就要求飞行器自身的质量尽量小。一般而言，产生任意方向的推力和力矩的配置方案有两种：第一种是倾转旋翼飞行器，其利用伺服舵机来调节推力的方向；第二种是利用转子非共面配置方案产生水平分力来调节各个方向的推力和力矩。

倾转旋翼飞行器机动动作的灵活性受到伺服舵机响应速度的限制，这是由于当飞行器需要产生任意方向的分力和力矩时，是通过伺服舵机调节转子与机体坐标系之间的相对方向来产生的。伺服舵机的减速比通常比较大，因此响应速度较慢。为了提高飞行器的机动灵活性，使得飞行器能够迅速产生任意方向的加速度，一种更为简便的方法是使用转子非共面配置结构。使用转子非共面配置结构的飞行器中，推力和力矩的产生是直接调节直流无刷电机的转速，相比于控制带有减速结构的伺服舵机，响应速度得到极大的提高。但是，转子非共面配置的结构，由于推力之间存在相互交叉，内力之间会相互抵消，就导致使用这种结构的飞行器能量利用效率比较低。

飞行器在任意方向产生的力和力矩越大，意味着在该方向的控制余量也就越

大, 越能产生更好的控制效果。但是, 越大的推力和力矩, 对于转子非共面配置
的飞行器而言意味着越大的能量损耗。因此, 要在保证控制余量足够的情况下,
考虑整机能量损耗最小的转子配置方案。如何优化转子的倾转角和转子的数量是
设计转子异向配置的过驱动飞行器的关键。

5.2.1　样机优化设计

假设组成多旋翼所需要的转子数量为 n, 定义坐标系 $\mathscr{F}_e : \{O_e\text{-}x_e y_e z_e\}$ 为
大地惯性坐标系, $\mathscr{F}_b : \{O_b\text{-}x_b y_b z_b\}$ 为机体坐标系, 其中原点 O_b 固定在多旋翼
飞行器机身的几何中心处。定义右手坐标系 $\mathscr{F}_{Ai} : \{O_{Ai}\text{-}x_{Ai} y_{Ai} z_{Ai}\}$ 为固定在第
i 个机臂上的机臂坐标系, 其中, 原点 O_{Ai} 固定在机臂的末端, 轴 y_{Ai} 平行于
机臂, 轴 z_{Ai} 平行于机体坐标系的 z_B。定义 $\mathscr{F}_{Pi} : \{O_{Pi}\text{-}x_{Pi} y_{Pi} z_{Pi}\}$ 为转子坐
标系, 原点 O_{Pi} 与原点 O_{Ai} 重合, z_{Ai} 表示转子的朝向, 也表示产生的推力的
方向。坐标系 $\mathscr{F}_{Ai}$ 先绕轴 y_{Ai} 旋转 α_i, 再绕轴 x_{Ai} 旋转 β_i, 即可得到坐标系
$\mathscr{F}_{Pi}$。则机臂坐标系 $\mathscr{F}_{Ai}$ 到转子坐标系 $\mathscr{F}_{Pi}$ 之间的转换关系用旋转矩阵 $\boldsymbol{R}_{Pi}^{Ai}$
表示为

$$\boldsymbol{R}_{Pi}^{Ai} = (\boldsymbol{R}_{Ai}^{Pi})^{-1} = \boldsymbol{R}_{yi}^{-1}(\alpha_i)\boldsymbol{R}_{xi}^{-1}(\beta_i) \tag{5-1}$$

其中, $\boldsymbol{R}_{yi}(\alpha_i)$ 表示绕轴 y_{Ai} 旋转 α_i; $\boldsymbol{R}_{xi}^{-1}(\beta_i)$ 表示绕轴 x_{Ai} 旋转 β_i。

如图5.2所示, 假设各个转子之间的分布是均匀的, 则相邻转子之间的夹角可
表示为 γ。机臂坐标系 $\mathscr{F}_{Ai}$ 和机体坐标系 $\mathscr{F}_B$ 之间的转换关系可以表示为

$$\boldsymbol{R}_{Ai}^B = (\boldsymbol{R}_B^{Ai})^{-1} = \boldsymbol{R}_{z_B}^{-1}(\gamma_i) \tag{5-2}$$

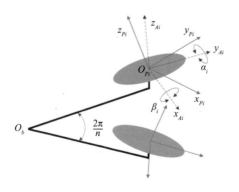

图 5.2　倾斜转子模型

转子产生的推力的方向 x_i 在机体坐标系中表示为

$$
\begin{aligned}
x_i &= \boldsymbol{R}_{Ai}^{B} \boldsymbol{R}_{Pi}^{Ai} \boldsymbol{z}^{Pi} \\
&= \boldsymbol{R}_{z_B}^{-1}(\gamma_i) \boldsymbol{R}_{yi}^{-1}(\alpha_i) \boldsymbol{R}_{xi}^{-1}(\beta_i) \boldsymbol{z}^{Pi} \\
&= \left[\begin{array}{c}
\cos\gamma_i \sin\alpha_i \cos\beta_i + \sin\gamma_i \sin\beta_i \\
\sin\gamma_i \sin\alpha_i \cos\beta_i - \cos\gamma_i \sin\beta_i \\
\cos\beta_i \cos\alpha_i
\end{array} \right]
\end{aligned}
\tag{5-3}
$$

其中，$\boldsymbol{z}^{Pi} = \begin{bmatrix} 0 & 0 & 1 \end{bmatrix}^{\mathrm{T}}$ 表示在转子坐标系中转子推力的方向。可以看出，在机体坐标系中，推力的方向受到倾转角 α_i 和 β_i 的影响，倾转角越大，推力在水平方向的分力也就越大，则偏航运动控制效果越好，同时也能产生越大的水平运动加速度。但是水平分力增大，意味着水平分力之间的损耗也增大，在飞行器实际设计过程中需要平衡水平加速度与能量损耗之间的关系。

为了简化样机模型，假设所有转子坐标系的原点 $O_{Pi}(\forall i = 1, 2, \cdots, n)$ 处于同一平面。令多旋翼飞行器机臂长度为 $l_i > 0$，则原点 O_{Pi} 在机体坐标系的位置可以用 $\boldsymbol{d}_i^B \in \mathbb{R}^3$ 表示，即

$$
\boldsymbol{d}_i^B = \boldsymbol{R}_z(\gamma_i) \left[\begin{array}{c} l_i \\ 0 \\ 0 \end{array} \right] = \left[\begin{array}{c} l_i \cos\gamma_i \\ -l_i \sin\gamma_i \\ 0 \end{array} \right], \quad i = 1, 2, \cdots, n
\tag{5-4}
$$

每个转子带动螺旋桨的旋转产生的推力 $T_{\mathrm{rot},i} = c_f \varpi^2$ 和反转力矩 $\tau_{m,i} = c_m \varpi_i^2$ 都正比于转子转速的平方 ϖ_i^2，ϖ_i 为第 i 个转子的转速。则 n 个转子施加在飞行器上的合推力 $\boldsymbol{F} \in \mathbb{R}^3$ 表示为

$$
\boldsymbol{F} = \sum_{i=1}^{n} T_{\mathrm{rot},i} \boldsymbol{x}_i
\tag{5-5}
$$

n 个转子施加在飞行器上的合力矩 $\boldsymbol{M} \in \mathbb{R}^3$ 表示为

$$
\boldsymbol{M} = \sum_{i=1}^{n} T_{\mathrm{rot},i} (\boldsymbol{d}_i \times \boldsymbol{x}_i) + \tau_{m,i} \boldsymbol{x}_i
\tag{5-6}
$$

其中，第一项是由转子位置偏移产生的力矩；第二项是转子自身产生的反转力矩。对于同一个转子，反转力矩的系数 c_m 比推力系数 c_f 小了两个数量级。对于转子异向配置的飞行器，$\beta_i > 0$，$\alpha_i > 0$，推力产生的水平分量也可以产生偏航力矩，而且此力矩远远大于由反转力矩产生的偏航力矩。因此，第二项常常被省略。则 n 个转子施加在飞行器上的合力和合力矩表示为

$$
\left[\begin{array}{c} \boldsymbol{f} \\ \boldsymbol{\tau} \end{array} \right] = \left[\begin{array}{c} \boldsymbol{X} \\ \boldsymbol{D} \times \boldsymbol{X} \end{array} \right] \boldsymbol{f}_{\mathrm{rot}} = \boldsymbol{B} \boldsymbol{f}_{\mathrm{rot}}
\tag{5-7}
$$

其中，$\boldsymbol{X} = [\boldsymbol{x}_1, \boldsymbol{x}_2, \cdots, \boldsymbol{x}_n] \in \mathbb{R}^{3 \times n}$，$\boldsymbol{f}_{\mathrm{rot}} = [T_{\mathrm{rot},1}, T_{\mathrm{rot},2}, \cdots, T_{\mathrm{rot},n}]^{\mathrm{T}} \in \mathbb{R}^n$，

$D = [d_1, d_2, \cdots, d_n] \in \mathbb{R}^{3 \times n}$。通常而言，矩阵 B 称为飞行器的控制分配矩阵，该矩阵的性质决定了飞行器的鲁棒特性。对于这种配置的飞行器，由于转子的倾斜角度是固定的，则矩阵 B 中所有的元素都是常量。对于所设计的飞行器，要能够产生任意方向的加速度，就意味着飞行器的平移运动和旋转运动是能够独立控制的，则飞行器是一个过驱动的系统，那么矩阵 B 必须是满秩的，即

$$\text{rank}(B) = 6 \tag{5-8}$$

需要注意的是，上述条件也是判定一个多旋翼系统是不是过驱动系统的必要条件。对于标准结构多旋翼飞行器，俯仰运动和 y_e 轴平移运动耦合，横滚运动与 x_e 轴平移运动耦合，只有四个运动自由度是独立可控的，因此 $\text{rank}(B) = 4$。

从另一个角度来说，控制分配矩阵 B 表示一种从转子的转速到推力和力矩的映射关系，这种映射关系取决于转子的空间分布方式及转子的数量。对于转子，输出的推力是受到物理限制的。则对于由 n 个转子所组成的多旋翼飞行器，所能产生的推力集合表示为

$$\mathcal{F}_{\text{rot}} = \{f_{\text{rot}} \in \mathbb{R}^n | 0 \leqslant T_{\text{rot},i} \leqslant T_{\text{rot,max}}\} \tag{5-9}$$

其中，$T_{\text{rot,max}}$ 为单个转子所能产生的最大推力。则实际能够施加在多旋翼飞行器上的是由转子推力提供的合力和合力矩的集合 $\mathcal{U}_{\text{rot}}$，可以表示为

$$\mathcal{U}_{\text{rot}} = \{B f_{\text{rot}} \in \mathbb{R}^6 | f_{\text{rot}} \in \mathcal{F}_{\text{rot}}\} \tag{5-10}$$

在多旋翼飞行器设计中，为了保持结构对称性和控制的稳定性，转子的个数一般选择偶数，如四旋翼、六旋翼、八旋翼，以及共轴八旋翼等。文献 [48] 中已经证明，对于转子位置固定的过驱动飞行需要满足条件 $\text{rank}(B) = 6$，则转子数量满足 $n \geqslant 6$。同时，考虑到转子异向配置结构带来的能量损耗以及机体的尺寸，为保证样机具备一定的负载能力，可以选择的转子数量 $n = 6$ 或者 $n = 8$。

为了简化优化问题，假设 $\alpha_1 = \alpha_2 = \cdots = \alpha_n = \alpha$ 为固定值，$\beta_1 = \beta_2 = \cdots = \beta_n = \beta$ 也是固定值。当 $\beta = \alpha = 10°$ 时，分别绘制出当 $n = 6$ 和 $n = 8$ 时，飞行器推力和力矩的可达集，如图5.3所示。此时，选用的电机是 T-motor 公司生产的 F15 电机，搭配 2540 三叶桨。该电机的输入-输出响应曲线如图5.4所示，输入为电子调节器的 PWM 信号的高电平的时间，单位为 ms；输出为转子产生的推力，单位为 N。

如图5.3所示，八旋翼飞行器的可达推力和力矩的范围比六旋翼飞行器的更大，并且也更均匀。因此，在样机优化设计时，选择 $n = 8$，也就是八旋翼飞行器的方案。确定了转子数量之后，就需要确定倾转角 α_i 和 β_i 的具体取值。这两个角度的取值一方面影响飞行器偏航控制性能和水平加速性能，另一方面也影响

飞行器的结构容错特性。

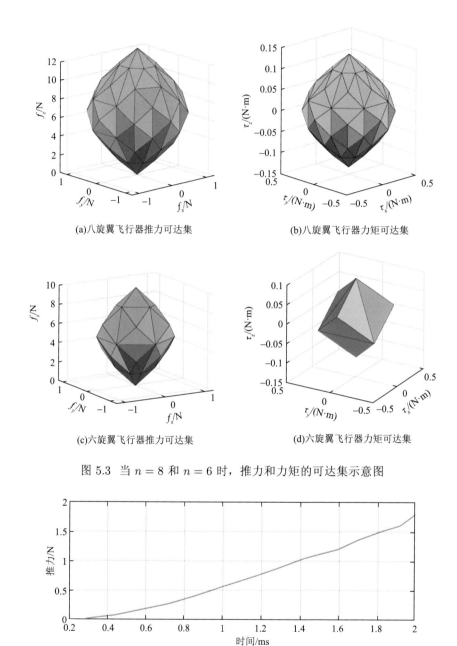

(a)八旋翼飞行器推力可达集

(b)八旋翼飞行器力矩可达集

(c)六旋翼飞行器推力可达集

(d)六旋翼飞行器力矩可达集

图 5.3　当 $n=8$ 和 $n=6$ 时，推力和力矩的可达集示意图

图 5.4　F15 电机输出的推力和输入信号之间的响应曲线

以 α 和 β 为变量，遍历矩阵 $\boldsymbol{B}$ 的任意六列作为 $\boldsymbol{B}(\alpha,\beta)_{6\times6}$ 并计算 $\det$

($\boldsymbol{B}(\alpha,\beta)_{6\times6}$)。这些行列式可以表示为 $\det(\boldsymbol{B}(\alpha,\beta)_{6\times6}) = k\mathrm{c}^3(\alpha)\,\mathrm{c}^3(\beta)\,\mathrm{s}^3(\alpha)$, k 是一个常数，随着列的不同而变化。当 $\det(\boldsymbol{B}(\alpha,\beta)_{6\times6}) \neq 0$ 时，$\mathrm{rank}(\boldsymbol{B}) = 6$ 可以满足。α 和 β 表示转子的倾角。为了保证可以产生向上的推力，α 和 β 的范围被限制在 $(0°, 90°)$。

确定旋翼数量 $n = 8$ 后，通过优化方法计算旋翼倾角。倾斜转子是多旋翼飞行器位置姿态解耦的关键因素。考虑具有相同倾转角的八个转子的情况，推重比是飞行器满足正常起飞和足够控制余量的重要参数。为保证飞行器的正常起飞，设定 $f_z > 2mg$，$g = 9.81\mathrm{m/s}^2$ 是重力加速度，(α,β) 直接影响数值 f_z。当 $f_z > 2mg$，且 $f_{\mathrm{prop},i} = f_{\max}$ 时，α 和 β 不同组合在 z 轴方向推力 f_z 的计算结果如图5.5所示。

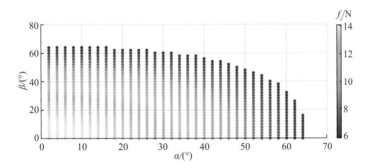

图 5.5 推力 f_z 随 (α,β) 的变化值（$f_z > 2mg$）

令 $\boldsymbol{h} = [h_1, h_2, \cdots, h_6]$，用来调整 $\boldsymbol{y}^{\mathrm{T}} = [\boldsymbol{f}^{\mathrm{T}}\ \boldsymbol{\tau}^{\mathrm{T}}]$，$\boldsymbol{H} = \mathrm{diag}(h_1, h_2, \cdots, h_6)$，令 $\boldsymbol{C}_o = \boldsymbol{H}[\boldsymbol{f}^{\mathrm{T}}\ \boldsymbol{\tau}^{\mathrm{T}}]$。$\alpha$ 和 β 的优化问题可以表述如下：

$$\max_{\alpha,\,\beta}\quad \|\boldsymbol{C}_o(\alpha,\beta,f_{\mathrm{prop},i})\|_2 \tag{5-11}$$

$$\mathrm{s.t.}\quad f_{\min} \leqslant f_{\mathrm{prop},i} \leqslant f_{\max} \tag{5-12}$$

$$f_z > 2mg\ ,\quad \frac{f_z}{\|\boldsymbol{f}\|_2} > 0.988 \tag{5-13}$$

$$\alpha \in (0, 90)\ ,\quad \beta \in [0, 90) \tag{5-14}$$

其中 $\boldsymbol{C}_o(\alpha,\beta,f_{\mathrm{prop},i})$ 是 (α,β) 选定后的最大值，是一个常数值。在式 (5-14) 的约束下，保证 $\mathrm{rank}(\boldsymbol{B}) = 6$。

令 $\boldsymbol{A} = \{\boldsymbol{a} \mid \boldsymbol{a} = (\alpha,\beta,\|\boldsymbol{C}_o(\alpha,\beta,f_{\mathrm{prop},i})\|_2)\}$，取 $\boldsymbol{h} = [15, 15, 1, 1, 5, 1]$。然后绘制出 $\boldsymbol{A}$ 的三维曲线，如图5.6所示。可以得到优化的倾转角 $(\alpha,\beta) = (16°, 20°)$。

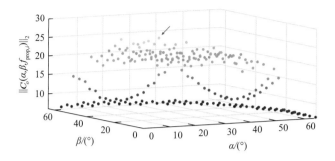

图 5.6 $\|\boldsymbol{C}_o(\alpha, \beta, f_{\mathrm{prop},i})\|_2$ 随 (α, β) 的变化值

红色箭头标记最优倾转角

微型过驱动八旋翼飞行器模型如图5.7所示,为了提升桨叶效率,所有旋翼朝下安装。1、3、5、7 号转子按照顺时针方向旋转,$\alpha_1 = \alpha_3 = \alpha_5 = \alpha_7 = 15°$,$\beta_1 = \beta_3 = \beta_5 = \beta_7 = 20°$;2、4、6、8 号转子按照逆时针方向旋转,$\alpha_2 = \alpha_4 = \alpha_6 = \alpha_8 = -15°$,$\beta_2 = \beta_4 = \beta_6 = \beta_8 = 20°$。则每个转子产生的推力的方向在机体坐标系中可以表示为

$$\boldsymbol{x}_i = \begin{bmatrix} \cos(22.5°+45\times(i-1))\sin((-1)^{i+1}15°)\cos 20° + \sin(22.5°+45\times(i-1))\sin 20° \\ \sin(22.5°+5\times(i-1))\sin((-1)^{i+1}15°)\cos 20° - \cos(22.5°+45\times(i-1))\sin 20° \\ \cos 20° \cos((-1)^{i+1}15°) \end{bmatrix}$$

(5-15)

其中,$i = 1, 2, \cdots, 8$。

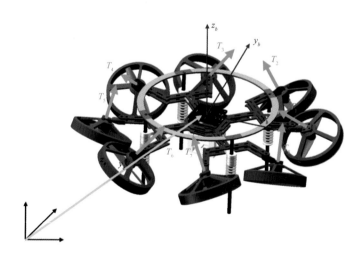

图 5.7 微型过驱动八旋翼飞行器模型

5.2.2　动力学模型

如图5.7所示，令 $\mathscr{F}_b$ 为机体坐标系，$\mathscr{F}_e$ 为世界惯性坐标系。

设 $\boldsymbol{p} \in \mathbb{R}^3$ 代表过驱动飞行器在惯性坐标系下的位置，$\boldsymbol{v} \in \mathbb{R}^3$ 表示惯性坐标系下过驱动飞行器的速度。如果忽略空气动力学的影响，如八旋翼飞行器机体上的阻力，那么位置动力学是由八个旋翼的总推力决定的。微型过驱动八旋翼飞行器的控制输入为八个旋翼的推力 $\boldsymbol{u} = [u_1, u_2, \cdots, u_8]^{\mathrm{T}}$，则飞行器的平移动力可以描述为

$$m\ddot{\boldsymbol{p}} = mg\boldsymbol{e}_z + \boldsymbol{R}(q)^{-1}\boldsymbol{f} \tag{5-16}$$

其中，m 为飞行器的质量；g 为重力加速度。当前机体坐标系下的机体姿态相对于惯性坐标系的单位四元数可以表示为 $\boldsymbol{q} = [q_0, \boldsymbol{q}_v]$。则旋转矩阵为

$$\boldsymbol{R}(\boldsymbol{q}) = (q_0^2 - \boldsymbol{q}_v^{\mathrm{T}}\boldsymbol{q}_v)\boldsymbol{I} + 2(\boldsymbol{q}_v\boldsymbol{q}_v^{\mathrm{T}} - q_0[\boldsymbol{q}_v]_\times) \tag{5-17}$$

四元数空间下，飞行器的姿态动力学方程可以写为

$$\dot{\boldsymbol{q}} = \frac{1}{2} \begin{bmatrix} \boldsymbol{q}_v^{\mathrm{T}} \\ q_0\boldsymbol{I} + [\boldsymbol{q}_v]_\times \end{bmatrix} \boldsymbol{\omega} \tag{5-18}$$

$$\boldsymbol{J}\dot{\boldsymbol{\omega}} = \boldsymbol{J}\boldsymbol{\omega} \times \boldsymbol{\omega} + \boldsymbol{\tau} + \boldsymbol{\tau}_e \tag{5-19}$$

其中，$\boldsymbol{\omega} = [\omega_x, \omega_y, \omega_z]$ 表示飞行器在机体坐标系下的角速度；$\boldsymbol{J} \in \mathbb{R}^{3\times3}$ 为相对于机体坐标系 $\mathscr{F}_b$ 下的转动惯量矩阵。假设所述过驱动飞行器是对称的，而且质量分布均匀，则可以得到 $\boldsymbol{J} = \mathrm{diag}(J_{xx}, J_{yy}, J_{zz})$，$J_{xx} = J_{yy}$。运算 $[\star]_\times$ 是将向量转换为反斜对称矩阵，$\boldsymbol{\tau}$ 为转子的扭矩，$\boldsymbol{\tau}_e$ 为外部干扰扭矩。

5.3　控制器框架

本节介绍所述微型过驱动八旋翼飞行器的控制框架，如图5.8所示，该飞行器控制可以视为一个输出追踪问题。令 $\boldsymbol{p}_d(t) \in \mathbb{R}^3$ 为期望位置，$\boldsymbol{q}_d(t) \in \mathbb{R}^3$ 为期望姿态，则期望位姿 $(\boldsymbol{p}_d(t), \boldsymbol{q}_d(t))$ 作为该控制系统的输入。姿态控制器和位置控制器分别计算输出期望力矩 $\boldsymbol{\tau}_d \in \mathbb{R}^3$ 和推力 $\boldsymbol{f}_d \in \mathbb{R}^3$。然后通过控制分配策略将期望力矩和推力映射到八个转子的输入。需要注意的是，对于所述微型过驱动八旋翼飞行器，控制分配矩阵 $\boldsymbol{B} \in \mathbb{R}^{6\times8}$ 不是严格的方阵。一种简单有效的方法是通过求伪逆矩阵的方式来计算八个转子的期望输入。为了避免出现不合理的结果，在计算时必须考虑转子转速的物理限制。通过控制器的输出 $\boldsymbol{\tau}_d$ 和 $\boldsymbol{f}_d$ 以及飞行器的状态反馈量 $\boldsymbol{\omega}$ 估算出施加在飞行器上的外部力矩 $\hat{\boldsymbol{\tau}}_e$。"顺势而为"轨迹规

划策略是后续提出的飞行器碰撞恢复策略，可以规划出飞行器的期望位置 $\boldsymbol{p}_d$ 和姿态 $\boldsymbol{\tau}_d$。

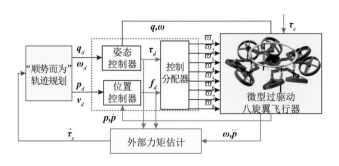

图 5.8　飞行器控制框架

后续内容中，将主要介绍一种降级姿态控制策略。相比于全姿态控制策略，所述控制策略将飞行器的姿态分为降级姿态和偏航姿态。所述策略优先响应降级姿态，然后响应飞行器的偏航姿态。整体而言，所述姿态控制策略增加了姿态跟踪轨迹的长度，但是提高了飞行器恢复到平衡的能力，特别适合于飞行器进行碰撞之后快速恢复到安全姿态。

5.3.1　姿态控制策略

姿态误差 $\boldsymbol{q}_e$ 由俯仰角误差 $\boldsymbol{e}_{\text{pit}}$、横滚角误差 $\boldsymbol{e}_{\text{rol}}$ 和偏航角误差 $\boldsymbol{e}_{\text{yaw}}$ 组成。俯仰角和横滚角可以视为机身的指向，即机身指向地面某些物体，也称为飞行器的降级姿态。而偏航角视为机头的指向。由于降级姿态，即机身指向的控制需要克服重力的影响，涉及飞行器是否能够稳定飞行，比航向控制更重要。因此，在控制策略设计上，机身指向控制相比航向控制有更高的优先级。将表征机身指向的姿态误差定义为 $\boldsymbol{q}_{e,\text{poi}}$，表征航向的姿态误差定义为 $\boldsymbol{q}_{e,\text{head}}$。

如图5.9所示，降级姿态控制分为两步控制来实现从当前姿态 $\boldsymbol{q}$ 转到期望姿态 $\boldsymbol{q}_d$，首先实现飞行器的俯仰控制和横滚控制，使得飞行器先达到降级控制策略下的稳定姿态，即蓝色坐标系下对应的飞行器姿态，随后再实现偏航控制，使得飞行器完成从中间姿态转到期望姿态。其中绿色坐标系下的飞行器姿态对应当前姿态，红色坐标系下的飞行器姿态对应期望姿态。姿态误差 $\boldsymbol{q}_e$ 可以表示为

$$\boldsymbol{q}_e = \boldsymbol{q}_d \otimes \boldsymbol{q}^{-1} \tag{5-20}$$

从当前姿态转到中间姿态的过程可以视为当前姿态绕 $\boldsymbol{n}$ 轴旋转角度 γ 来实现，可以使用四元数来表示，如下：

$$q_{e,\mathrm{poi}} = \begin{bmatrix} \cos\dfrac{\gamma}{2} \\[2mm] \boldsymbol{n}\sin\dfrac{\gamma}{2} \end{bmatrix} = \begin{bmatrix} \cos\dfrac{\gamma}{2} \\[2mm] \sin\dfrac{\gamma}{2}\,\dfrac{\boldsymbol{e}_z^B \times \boldsymbol{e}_z^A}{\left\| \boldsymbol{e}_z^B \times \boldsymbol{e}_z^A \right\|} \end{bmatrix} \tag{5-21}$$

其中，$\gamma = \arccos(\boldsymbol{e}_z^{B^{\mathrm{T}}} \cdot \boldsymbol{e}_z^A)$ 是当前姿态机身方向与期望姿态的机身方向之间的角度。中间姿态的轴 $\boldsymbol{e}_z^D$ 是与期望姿态的轴 $\boldsymbol{e}_z^A$ 重合的，因此有 $\boldsymbol{R}(\boldsymbol{q}_e)\boldsymbol{e}_z^B = \boldsymbol{R}(\boldsymbol{q}_{e,\mathrm{poi}}\boldsymbol{e}_z^B)$。

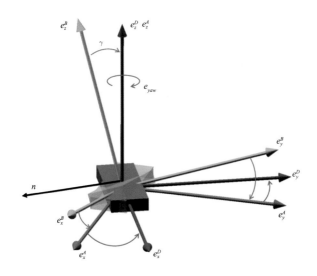

图 5.9　降级姿态控制流程

降级控制策略下的机身指向误差为

$$\boldsymbol{q}_{e,\mathrm{poi}} = K_{\mathrm{poi}}[q_a q_b - q_c q_d, q_a q_c + q_b q_d, 0]^{\mathrm{T}} \tag{5-22}$$

其中，$K_{\mathrm{poi}} = \dfrac{1}{\sqrt{q_a^2 + q_d^2}}$。航向误差可以表示为

$$\boldsymbol{q}_{e,\mathrm{head}} = K_{\mathrm{poi}}[0, 0, q_3]^{\mathrm{T}} \tag{5-23}$$

考虑飞行器的动力学特性，控制器可以设计为

$$\boldsymbol{\tau} = k_0 \boldsymbol{q}_{e,\mathrm{poi}} + k_1 \mathrm{sgn}(q_a)\boldsymbol{q}_{e,\mathrm{head}} + \boldsymbol{K}_d \boldsymbol{\omega}_e + \boldsymbol{\tau}_{ff} \tag{5-24}$$

其中，k_0 和 k_1 是正的标量常值；$\boldsymbol{K}_d$ 是一个正的斜对称矩阵，并且有

$$\mathrm{sgn}(q_a) = \begin{cases} 1, & q_a \geqslant 0 \\ -1, & q_a < 0 \end{cases} \tag{5-25}$$

$\boldsymbol{\tau}_{ff} = \boldsymbol{J}\dot{\boldsymbol{\omega}}_d - \boldsymbol{J}\boldsymbol{\omega} \times \boldsymbol{\omega}$ 表示前馈控制量,$\dot{\boldsymbol{\omega}}_d = (\boldsymbol{R}(\boldsymbol{q}_e)^{-1}\boldsymbol{\omega}_d - \boldsymbol{\omega}) \times \boldsymbol{R}(\boldsymbol{q}_e)^{-1}\dot{\boldsymbol{\omega}}_d$。文献 [92] 证明了该姿态控制器能保证系统在几乎任意旋转情况下均指数稳定。

姿态控制器计算输出的期望推力 $\boldsymbol{f}$ 和扭矩 $\boldsymbol{\tau}$ 需要映射到螺旋桨的期望输入 $\boldsymbol{u}$,而这个过程使用伪逆矩阵 $\boldsymbol{B}^{\dagger} = \boldsymbol{B}^{\mathrm{T}}(\boldsymbol{B}\boldsymbol{B}^{\mathrm{T}})^{-1}$ 来实现,该伪逆矩阵描述了从期望的升力和扭矩到各个期望转子升力的转换。

转子的期望推力可以表示为

$$\boldsymbol{u} = \boldsymbol{B}^{\dagger} \begin{bmatrix} \boldsymbol{f} \\ \boldsymbol{\tau} \end{bmatrix} \tag{5-26}$$

5.3.2　外部力矩估计

基于该飞行器动力学模型和控制率,能够估计由于碰撞而作用于该飞行器的外部扭矩,表示如下:

$$\hat{\boldsymbol{\tau}}_e = \boldsymbol{K}_e \left[\boldsymbol{J}\boldsymbol{\omega} - \int (\boldsymbol{\tau} - \boldsymbol{J}\boldsymbol{\omega} \times \boldsymbol{\omega} - \hat{\boldsymbol{\tau}}_e)\mathrm{d}t \right] \tag{5-27}$$

其中,$\boldsymbol{K}_e$ 为正定对角观测矩阵。这样,就可以使用板载的惯性测量单元(IMU)的数据和控制输入来估计外部扭矩。

5.4　"顺势而为"仿生三维碰撞恢复策略

本节首先介绍蚊子在雨中飞行时应对雨滴碰撞的机动动作的原理;然后基于该机动动作,设计一种用于多旋翼飞行器的"顺势而为"的碰撞恢复策略,以帮助飞行器应对高空坠物的碰撞;最后将该策略扩展到应对横向和底部不明飞行物的碰撞。

5.4.1　碰撞恢复策略描述

一滴雨滴的质量可达到蚊子体重的 50 倍之多,蚊子在雨中飞行时,平均 25s 就会被雨滴砸中身体一次。但是在下雨时,蚊子依然能够安全地在雨中飞行。2012 年,佐治亚理工学院的 Dickerson 教授等开始关注这个现象[141]。他们使用帧率 4000~6000Hz 的高速摄像机,记录下了蚊子在实验室中被水枪模拟的雨滴击中后,在雨中飞行的机动动作。原来,当蚊子被雨滴击中时并不进行抵挡,而是与雨滴融为一体,顺应它的趋势落下。如果雨滴击中蚊子的翅膀或腿部,它会向击中的那一侧倾斜,并通过"侧身翻滚"的高难度动作,让雨滴从身体一侧滑落;当雨滴正中蚊子身体时,它先顺应雨滴强大的推力与之一同下落,随之迅速侧向微调与雨滴分离并恢复飞行。当雨滴击中栖息于地面的蚊子时,雨滴的速度在瞬间减小为零,这时蚊子就会承受相当于自身体重10000倍的力,足以致命。当蚊子在空中被击中并采用"不抵抗"策略时,它受到的冲击力就减小为其体重的1/300~1/50,雨滴就像一根极细小的羽毛压在了蚊子身上,是能够承受的。

受到蚊子躲避雨滴机动动作的启发,可以利用这种"顺势而为"的特性来逐渐抵消不明飞行物碰撞飞行器的碰撞能量,避免飞行器瞬间失去平衡后而发生坠毁的危险。如图5.10(b) 所示,当高空坠落的不明物体击中飞行器后,飞行器首先与不明物体一同下降,在下降的同时,机体侧倾,然后飞行器向侧倾的反方向运动,逐渐逃离高空坠物的轨迹。由于这种机动动作在飞行器刚接触到不明物体后,采用了不抵抗策略,也就是随着不明物体的运动方向而运动。因此,称这种控制策略为"顺势而为"策略。这种方法的优势在于可以在运动中逐渐抵消碰撞能量,给飞行器的下一步逃逸策略带来了时间。同样的思路,将"顺势而为"的机动动作扩展到飞行器的三维空间,也就是当不明飞行物出现在飞行器的上下、前后、左右时,飞行器都能通过"顺势而为"的避障策略来抵消碰撞能量。对于横向碰撞,在飞行器通过横向移动来抵消碰撞能量时,通过偏航控制来摆脱碰撞物的飞行轨迹;对于底部碰撞,飞行器在向上飞行时,机体逐渐侧倾,然后向着机体侧倾的方向运动,就可以逃离不明飞行物的飞行轨迹。

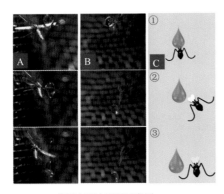

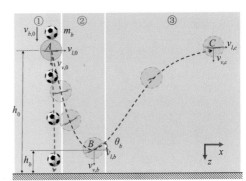

(a)蚊子在雨中飞行示意图　　　　　　(b)高空坠物碰撞飞行器逃离示意图

图 5.10　"顺势而为"碰撞恢复策略

需要注意的是,标准多旋翼飞行器的所有转子都固定在同一个平面上,这样转子提供的推力垂直于飞行器的机体平面。这种配置结构导致飞行器的位置控制和姿态控制相互耦合。也就是飞行器的机体姿态向哪个方向倾斜,飞行器就向哪个方向运动。标准的多旋翼飞行器不具备"顺势而为"的避障策略来躲避高空坠物的能力，需要设计位置控制与姿态控制解耦的飞行器来实现这种三维避障策略，这种飞行器也称为过驱动飞行器。

　　另一个需要解决的问题是，飞行器如何快速地感知到有不明飞行物碰撞、快速判断碰撞方位及碰撞能量的大小。为了保证飞行器有足够的响应时间，需要碰撞检测能够在10ms的时间内完成。遗憾的是，目前市面上还没有一款传感器能够满足这样的需求。为此，利用微处理器的高速运算能力，结合外部力矩估计策略，可以在5ms的时间内估算出外部碰撞的位置和力矩的大小。

　　相同的原理，当不明飞行物从飞行器的侧面或者底部碰撞到飞行器后，飞行器的恢复策略可以按照相同的思路设计。如图5.11所示，当一个不明飞行物从底部碰撞飞行器时，飞行器首先跟随不明飞行物一起向上飞行；在第二阶段，飞行器在向上飞行的同时，机体逐渐向右倾斜，逐渐脱离不明飞行物的飞行轨迹；在第三阶段，飞行器已经完全脱离了不明飞行物，然后将机体姿态恢复到碰撞前的状态。

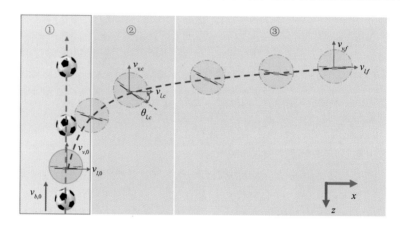

图 5.11　飞行器应对不明飞行物底部碰撞的恢复轨迹

　　当一个不明飞行物从侧面碰撞飞行器时，飞行器的恢复轨迹如图5.12所示。当飞行器检测到有一个横向的外部推力施加到飞行器机身上后，飞行器顺着不明飞行物碰撞的方向飞行；在第二阶段，飞行器在顺着不明飞行物飞行的方向飞行的同时，控制偏航角顺时针运动，逐渐脱离不明飞行物的飞行轨迹。

5.4.2　"顺势而为"轨迹生成

　　飞行器在应对不明飞行物的碰撞时，必须要快速地生成逃逸的恢复策略。由于所述微型过驱动八旋翼飞行器是一个过驱动系统，可以将其位置轨迹和姿态独立规划。首先，使用安全飞行走廊和贝塞尔曲线来生成飞行器的恢复轨迹，可以生成安全可靠而且满足飞行器动力学约束的运动轨迹。

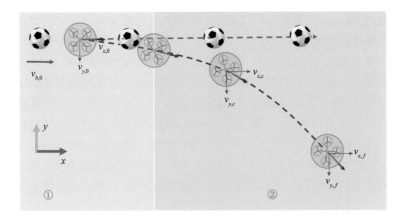

图 5.12　飞行器应对不明飞行物侧面碰撞的恢复轨迹

贝塞尔曲线可以写为

$$\alpha(t) = \sum_{i=0}^{n} d_i B_n^i(t) \tag{5-28}$$

其中，d_i 为控制点，基函数 $B_n^i(t)$ 定义为

$$B_n^i(t) = C_n^i t^i (1-t)^{n-1}, \quad t \in [0,1] \tag{5-29}$$

C_n^i 为二项式系数，n 为多项式函数的阶次。

贝塞尔曲线具有以下几个性质[107]：

（1）贝塞尔曲线起始于第一个控制点 d_0，终止于最后一个控制点 d_n；

（2）贝塞尔曲线被 $n+1$ 个控制点所围成的凸多面体所包围；

（3）贝塞尔曲线求导所得的多项式仍是贝塞尔曲线，并且贝塞尔曲线导数对应的控制点和原贝塞尔曲线控制点的关系满足 $d_i^{(1)} = n(d_{i+1} - d_i)$。

根据贝塞尔曲线的定义，三维空间每个维度 $\tau \in x, y, z$ 的轨迹可以定义为

$$g_\tau(t) = \begin{cases} \delta_1 \displaystyle\sum_{i=0}^{n} d_{i,1}^\tau B_n^i \left(\dfrac{t - T_0}{\delta_1} \right), & t \in [T_0, T_1] \\ \delta_2 \displaystyle\sum_{i=0}^{n} d_{i,2}^\tau B_n^i \left(\dfrac{t - T_1}{\delta_2} \right), & t \in [T_1, T_2] \\ \vdots \\ \delta_k \displaystyle\sum_{i=0}^{n} d_{i,k}^\tau B_n^i \left(\dfrac{t - T_{k-1}}{\delta_k} \right), & t \in [T_{k-1}, T_k] \end{cases} \tag{5-30}$$

其中，$d_{i,k}^\tau$ 为在维度 τ 中第 k 段轨迹的第 i 个控制点，而 δ_k 不仅起到缩放因子的作用，将每段轨迹的时间区间 $[T_{k-1}, T_k]$ 映射到区间 $[0,1]$，因为贝塞尔曲线的

变量 t 的定义区间为 $[0,1]$，同时也可以保证数值的稳定性。

由于转子异构配置的过驱动八旋翼无人飞行器会有更大的能量损耗，为了能够进一步节省能量，利用最小化 Snap 轨迹生成算法获得满足动力学可行的轨迹，其中 j 取 4，Snap 代表的是加速度的二阶导数。优化目标可以表示为

$$\zeta_\tau = \int_{T_0}^{T_k} (g_\tau^{(j)}(t))^2 \mathrm{d}t \tag{5-31}$$

式（5-31）可以写成二次型形式：

$$\zeta_\tau = \boldsymbol{d}_\tau^{\mathrm{T}} \boldsymbol{Q}_0 \boldsymbol{d}_\tau \tag{5-32}$$

其中，$\boldsymbol{d}_\tau = [d_{0,1}^\tau, \cdots, d_{n,1}^\tau, \cdots, d_{0,k}^\tau, \cdots, d_{n,k}^\tau]^{\mathrm{T}}$；$\boldsymbol{Q}_0$ 为目标函数的黑塞矩阵（Hessian matrix）。

对于轨迹生成，需要添加一些约束来保证轨迹的平滑性、安全性和动力学可行性。首先添加约束来保证轨迹的平滑性，假设轨迹的起始点的状态为 $p_a^{(\nu),\tau}$，其中 τ 代表维度 x、y、z，ν 表示导数的阶次，取 $\nu = 0,1,2,3$，终止点的状态为 $p_c^{(\nu),\tau}$，则对起始点和终止点的状态约束表示如下：

$$\delta_1^{1-\nu} d_{0,1}^{(\nu)\tau} = p_a^{(\nu),\tau} \tag{5-33}$$

$$\delta_k^{1-\nu} d_{n,k}^{(\nu)\tau} = p_c^{(\nu),\tau} \tag{5-34}$$

式（5-33）和式（5-34）是根据上述贝塞尔曲线的性质（1）得出的，而 $d_{n,k}^{(\nu)\tau}$ 表示第 k 段贝塞尔曲线第 ν 阶导数的第 n 个控制点，导数对应的控制点和原贝塞尔曲线的控制点之间的关系可以利用性质（3）来推导。

同理，由于过驱动无人飞行器的运动轨迹是由多段贝塞尔曲线组成的，为了保证轨迹的平滑，要求各段曲线之间在连接处相等，因此对中间点的连续性约束为

$$\delta_l^{1-\nu} d_{n,l}^{(\nu)\tau} = \delta_{l+1}^{1-\nu} d_{0,l+1}^{(\nu)\tau}, \quad l = 1,2,\cdots,k-1 \tag{5-35}$$

其次，对于轨迹的安全性约束，可以根据贝塞尔曲线的性质（2），通过约束贝塞尔曲线的控制点来实现轨迹的安全性约束，进而将轨迹约束到安全飞行走廊中，这样避免路径点之间轨迹部分出现在障碍物之中，严格地限制轨迹处于安全飞行走廊中，具体安全性约束表示如下：

$$c_{l,\min} \leqslant \delta_l d_{i,l}^\tau \leqslant c_{l,\max}, \quad i = 0,1,\cdots,n \tag{5-36}$$

其中，$l = 1,2,\cdots,k$。

最后，考虑到无人飞行器的物理性质，需要对轨迹施加动力学可行性约束，

即满足约束 $|v| \leqslant v_{\max}$，$|a| \leqslant a_{\max}$，根据贝塞尔曲线的性质可以将此约束转换为对控制点的约束，表示如下：

$$|d_{i,l}^{(1)\tau}| \leqslant v_{\max} \tag{5-37}$$

$$\left| \frac{d_{i,l}^{(2)\tau}}{\delta_l} \right| \leqslant a_{\max} \tag{5-38}$$

综上，轨迹生成问题可以写为

$$\begin{aligned} \min \quad & \boldsymbol{d}_\tau^{\mathrm{T}} \boldsymbol{Q}_0 \boldsymbol{d}_\tau \\ \text{s.t.} \quad & \boldsymbol{A}\boldsymbol{d}_\tau = \boldsymbol{b} \\ & \boldsymbol{G}\boldsymbol{d}_\tau \leqslant \boldsymbol{h} \end{aligned} \tag{5-39}$$

式（5-39）实际是一个二次规划问题，可以通过凸优化求解器如 Mosek 求解。

对于姿态规划，选择三次多项式进行姿态角的规划，表达式如下：

$$\vartheta(t) = a_{h,3}t^3 + a_{h,2}t^2 + a_{h,1}t + a_{h,0} \tag{5-40}$$

其中,微型过驱动八旋翼飞行器应对碰撞时的恢复轨迹对应的姿态约束表示为 $t = 0$，$\theta = \theta_a$；$t = t_b$，$\theta = \theta_{\max}$；$t = t_{\mathrm{mid}}$，$\theta = \theta_{\mathrm{mid}}$；$t = t_c$，$\theta = 0$。

根据上述轨迹规划和姿态规划，可以得到微型过驱动八旋翼飞行器应对碰撞时的恢复轨迹，结果如图5.13所示。

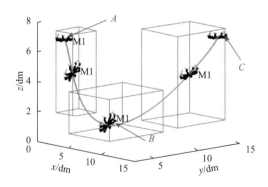

图 5.13　微型过驱动八旋翼飞行器碰撞恢复生成的轨迹

5.4.3　实验验证

1. 倾转悬停测试

实验过程如下：所述微型过驱动八旋翼飞行器初始姿态是悬停在空中，在 $t = 3\mathrm{s}$ 手动将期望俯仰角调整为 $\theta_d = -16°$。横滚角、俯仰角和偏航角的变化如图5.14所示。可以看出飞行器的姿态悬停误差在 1° 以内，能够平稳悬停。图5.15(a) 展示了设计的飞行器样机的倾转悬停状态 $(\theta = -16°)$。本实验验证了所设计的微型过驱动八旋翼飞行器设计的可行性以及所设计的控制策略的有效性。

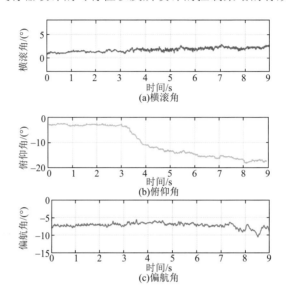

图 5.14   微型过驱动八旋翼飞行器机动性测试

(a)倾转悬停样机测试   (b)轨迹跟踪示意图

图 5.15   微型过驱动八旋翼飞行器倾转悬停测试

2. 6D 轨迹跟踪测试

所述微型过驱动八旋翼飞行器是一个过驱动系统，它的位置和姿态可以独立控制，可以跟踪 6D 轨迹。可以通过观察三个平移方向和三个旋转方向的跟踪误差来评估控制器的跟踪性能。设计实际目标轨迹如下：

$$\begin{cases} \boldsymbol{p}_d(t) = [25s(\sqrt{3}\,t)\ 25c(\sqrt{3}\,t)\ 80]^{\mathrm{T}}\ \ (\mathrm{cm}) \\ \boldsymbol{\varsigma}_d(t) = [-6s(\sqrt{3}\,t)\ 6c(\sqrt{3}\,t)\ -7]^{\mathrm{T}}\ (°) \end{cases} \tag{5-41}$$

如图5.15(b) 所示，八旋翼飞行器按照预定的轨迹起飞后，绕着一个半径为 25cm、高为 80cm 的圆飞行。飞行器的起始位置在最左边，然后沿红色虚线顺时针方向移动。八旋翼飞行器轨迹跟踪和姿态跟踪的实验结果如图5.16所示。可以看出，由于其解耦动力学，八旋翼飞行器可以同时且单独地控制其平移运动和旋转运动。轨迹跟踪误差在 3cm 以内，姿态跟踪误差在 3° 以内。因此，验证了所述微型过驱动八旋翼飞行器跟踪轨迹和姿态的能力。

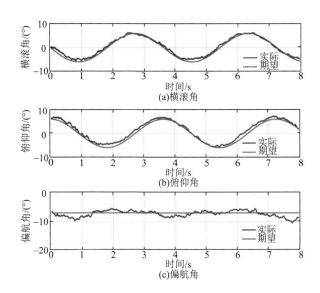

图 5.16　八旋翼飞行器轨迹跟踪实验中的姿态变化曲线

3. 高空坠物碰撞测试

本节通过微型过驱动八旋翼飞行器的碰撞实验来验证恢复策略的可行性。碰撞物是一个直径 19cm、质量 320g 的足球。微型过驱动八旋翼飞行器的质量是 200g，外径是 32cm。顶部碰撞实验中使用一个降落的球去碰撞悬停的飞行器顶部。悬停在空中的飞行器距离地面有 60cm，抛飞足球去碰撞它，如图5.17(a) 所示。在足球与飞行器碰撞后，飞行器运动状态如图5.17(b)~(f) 所示。飞行器被碰撞后，机身倾斜到 52°，如图5.17(d) 所示。之后，飞行器向左飞行同时降低飞行高度以躲避障碍物，如图5.17(e) 所示。图5.17(f) 表明八旋翼飞行器已经逃离了足球的降落轨迹。

进行飞行器顶部碰撞实验过程中的位置数据和姿态数据如图5.19所示，从图中的数据可以看出，飞行器向左运动和向下运动是同时进行的。在飞行器的横滚角达到最大值之后，它逐渐返回水平姿态。当球击中地面时，足球会弹起并再次击中飞行器，这个过程会在后面分析。

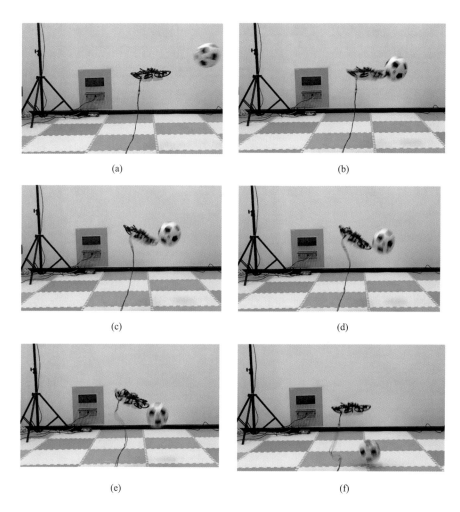

(a)　　　　　　　　　　　(b)

(c)　　　　　　　　　　　(d)

(e)　　　　　　　　　　　(f)

图 5.17　微型过驱动八旋翼飞行器应对高空坠物的恢复控制

4. 底部碰撞测试

如图5.18(b) 所示，足球从地面弹起会再次击中过驱动飞行器。当过驱动飞行器被击中后，机身会倾斜至 −40°，如图5.18(c) 所示。之后飞行器会如图5.18(d) 所示向左飞行同时增加飞行高度。最后，飞行器会逃离足球的降落轨迹，如图5.18(e) 所示。在这个底部碰撞的过程中，足球再次弹起的能量较小，因此在足球再次击中飞行器之后，它会再次弹回地面。通过图5.19可以看出，二次碰撞后飞行器的向左运动和上升运动是同时的。机身的侧倾是为了快速摆脱足球，而碰撞产生的能量是通过飞行器和足球的同向运动来抵消的，同时利用其他自由度来使得飞行器摆脱未知碰撞物体。通过上述实验验证了所提出的恢复策略的有效性。

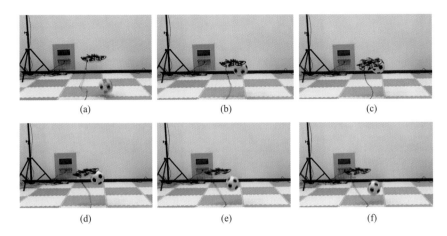

图 5.18 飞行器应对底部碰撞的恢复控制

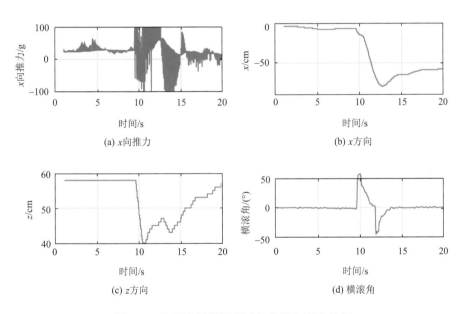

图 5.19 飞行器摆脱降落球的位置和姿态数据

5. 横向碰撞测试

如图5.20(a) 所示,飞行器被来自左侧的外部推力击中,然后沿着 $+x$ 轴运动。图5.20(b) 描述的是飞行器被来自前侧的外部推力击中,之后飞行器沿着 $+y$ 轴运动。图5.20(c) 描述的是飞行器被来自右侧的推力击中,然后沿着 $-x$ 轴运动。图5.20(d) 描述的是飞行器被来自后侧的推力击中,随后沿着 $-y$ 轴运动。其中,飞行器在此过程中的飞行轨迹如图5.21所示。

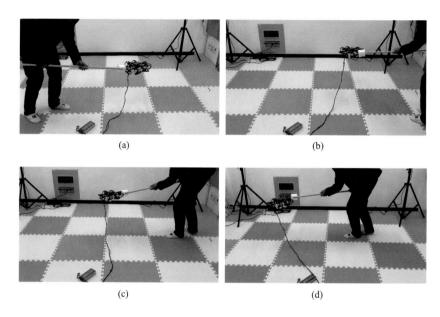

(a)　　　　　　　　　　　　　(b)

(c)　　　　　　　　　　　　　(d)

图 5.20　碰撞飞行器横向的恢复控制

　　从图5.21的前三个图可以看出飞行器的飞行轨迹波动较大。造成这个现象的具体原因有：①估计外部推力方向存在偏差；②在检测到外部推力时，飞行器运动的同时偏航角也发生了变化。

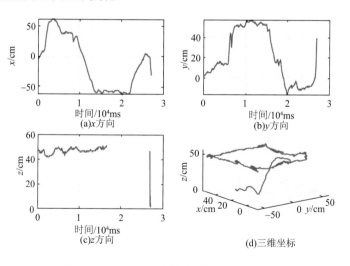

(a)x方向　　　　　　　　　　　(b)y方向

(c)z方向　　　　　　　　　　　(d)三维坐标

图 5.21　飞行器应对横向碰撞的轨迹数据

5.5　最优时间 6D 轨迹生成算法

该轨迹生成算法可以生成三自由度位置轨迹和三自由度姿态轨迹。该方法由三步组成：①在多项式的基础上，通过求解空间域内的无约束问题，生成满足几何约束的位置和姿态轨迹；②在时间域内添加姿态和位置动力学约束，以实现大角度机动；③通过求解时间域上的映射函数来实现最优时间分配。映射函数描述了空间变量和时间变量之间的映射关系。

5.5.1　空间域轨迹生成

在空间域轨迹生成问题中，姿态轨迹可以与位置轨迹分开生成，因为过驱动多旋翼飞行器的位置控制和姿态控制是解耦的。选择多项式表示姿态轨迹和位置轨迹，因为它便于获得高动态多旋翼飞行器的轨迹。因此，分段轨迹多项式定义为

$$g(\eta) = \begin{cases} \sum\limits_{i=0}^{n} g_{i,1}\left(\dfrac{\eta - \eta_0}{\kappa_1}\right)^i, & \eta \in [\eta_0, \eta_1] \\ \sum\limits_{i=0}^{n} g_{i,2}\left(\dfrac{\eta - \eta_1}{\kappa_2}\right)^i, & \eta \in [\eta_1, \eta_2] \\ \vdots \\ \sum\limits_{i=0}^{n} g_{i,k}\left(\dfrac{\eta - \eta_{k-1}}{\kappa_k}\right)^i, & \eta \in [\eta_{k-1}, \eta_k] \end{cases} \tag{5-42}$$

其中，$\boldsymbol{g} = [x, y, z, \phi, \theta, \psi]^{\mathrm{T}}$；$\kappa_j$ 是一个为了数值稳定而设立的缩放因子；ϕ、θ、ψ 是过驱动多旋翼的欧拉角。

为了保证轨迹的平滑和计算的便利，选择最小化 Jerk 的轨迹生成，其中 Jerk 是加速度对时间的导数。目标函数定义如下：

$$\min \int_{\eta_0}^{\eta_k} ||\boldsymbol{\chi}^{(k_\chi)}(\eta)||_2^2 + ||\boldsymbol{\gamma}^{(k_\gamma)}(\eta)||_2^2 \mathrm{d}\eta \tag{5-43}$$

其中，$k_\chi = 3$；$k_\gamma = 2$；$\boldsymbol{\chi}(\eta) = [x(\eta), y(\eta), z(\eta)]^{\mathrm{T}}$；$\boldsymbol{\gamma}(\eta) = [\phi(\eta), \theta(\eta), \psi(\eta)]^{\mathrm{T}}$。

式(5-43)可以写为

$$\min \quad \boldsymbol{p}^{\mathrm{T}} \boldsymbol{Q} \boldsymbol{p} \tag{5-44}$$

其中，$\boldsymbol{p} = [\boldsymbol{p}_1, \boldsymbol{p}_2, \cdots, \boldsymbol{p}_k]$，$\boldsymbol{p}_k = [x_{0,k}, x_{1,k}, \cdots, x_{n,k}, \cdots, \psi_{0,k}, \cdots, \psi_{n,k}]$ 是第 k 段轨迹的系数向量。

考虑到轨迹的连续性约束以及起始点和终止点的状态约束，上述问题可以构

建成一个有约束的二次规划问题。可以得到如下连续性约束：

$$\boldsymbol{\chi}_d^{(l)}(\eta_d) = \boldsymbol{\chi}_{d+1}^{(l)}(\eta_d), \quad d = 1, 2, \cdots, k-1; l = 0, 1, 2 \qquad (5\text{-}45)$$

$$\boldsymbol{\gamma}_d^{(l)}(\eta_d) = \boldsymbol{\gamma}_{d+1}^{(l)}(\eta_d), \quad d = 1, 2, \cdots, k-1; l = 0, 1 \qquad (5\text{-}46)$$

其中，$\boldsymbol{\chi}_d(\eta_d)$ 和 $\boldsymbol{\gamma}_d(\eta_d)$ 分别是第 d 段空间轨迹和姿态轨迹；l 为轨迹的求导次数。

起始点和终止点的状态约束可以写为

$$\boldsymbol{\chi}_1^{(l)}(\eta_0) = \boldsymbol{\chi}_s, \quad \boldsymbol{\chi}_k^{(l)}(\eta_k) = \boldsymbol{\chi}_e, \quad l = 0, 1, 2 \qquad (5\text{-}47)$$

$$\boldsymbol{\gamma}_1^{(l)}(\eta_0) = \boldsymbol{\gamma}_s, \quad \boldsymbol{\gamma}_k^{(l)}(\eta_k) = \boldsymbol{\gamma}_e, \quad l = 0, 1 \qquad (5\text{-}48)$$

其中，$\boldsymbol{\chi}_s$ 和 $\boldsymbol{\gamma}_s$ 为第一段轨迹的初始状态；$\boldsymbol{\chi}_e$ 和 $\boldsymbol{\gamma}_e$ 为第 k 段轨迹的终止状态。

上述约束可以统一写成向量形式的线性等式约束：

$$\boldsymbol{M}\boldsymbol{p} = \boldsymbol{d} \qquad (5\text{-}49)$$

其中，$\boldsymbol{d}$ 为每段轨迹在路径点处各阶导数组成的向量；$\boldsymbol{M}$ 为一个映射矩阵，它将各段轨迹的多项式系数映射为各段轨迹在路径点处的各阶导数值。

根据文献 [101]，空间域轨迹生成问题可以转化成无约束问题，它相比有约束问题的求解更具有数值稳定性。将式(5-49)代入目标函数中，使用路径点的各阶导数作为决策变量，使用选择矩阵 $\boldsymbol{C}$ 来将这些决策变量分为固定分量和自由分量，可以得到如下形式的代价函数：

$$
\begin{aligned}
\boldsymbol{J} &= \begin{bmatrix} \boldsymbol{d}_f \\ \boldsymbol{d}_p \end{bmatrix}^{\mathrm{T}} \boldsymbol{C}(\boldsymbol{M^{-1}})^{\mathrm{T}} \boldsymbol{Q} \boldsymbol{M}^{-1} \boldsymbol{C}^{\mathrm{T}} \begin{bmatrix} \boldsymbol{d}_f \\ \boldsymbol{d}_p \end{bmatrix} \\
&= \begin{bmatrix} \boldsymbol{d}_f \\ \boldsymbol{d}_p \end{bmatrix}^{\mathrm{T}} \begin{bmatrix} \boldsymbol{R}_{ff} & \boldsymbol{R}_{fp} \\ \boldsymbol{R}_{pf} & \boldsymbol{R}_{pp} \end{bmatrix} \begin{bmatrix} \boldsymbol{d}_f \\ \boldsymbol{d}_p \end{bmatrix} \\
&= \boldsymbol{d}_f^{\mathrm{T}} \boldsymbol{R}_{ff} \boldsymbol{d}_f + \boldsymbol{d}_f^{\mathrm{T}} \boldsymbol{R}_{fp} \boldsymbol{d}_p + \boldsymbol{d}_p^{\mathrm{T}} \boldsymbol{R}_{pf} \boldsymbol{d}_f + \boldsymbol{d}_p^{\mathrm{T}} \boldsymbol{R}_{pp} \boldsymbol{d}_p
\end{aligned}
\qquad (5\text{-}50)
$$

所以，可以得到最优自由变量的闭式解：

$$\boldsymbol{d}_p^* = -\boldsymbol{R}_{pp}^{-1} \boldsymbol{R}_{fp}^{\mathrm{T}} \boldsymbol{d}_f \qquad (5\text{-}51)$$

通过所得到的闭式解，可以得到对应轨迹的最优系数。

5.5.2 时间域轨迹生成

空间域的轨迹只能保证它的几何连续性，过驱动多旋翼的动力学可行性并没有被考虑。因此，在时间域上，通过寻找一个映射函数将空间域上的虚拟变量 η

映射为时间域上的时间变量 t；同时，添加过驱动多旋翼的动力学约束。假设已经得到这个映射函数，则它应该满足的条件如下：

$$s(t) = \begin{cases} s_1(t), & t \in [0, T_1] \\ s_2(t), & t \in [0, T_2] \\ \vdots \\ s_k(t), & t \in [0, T_k] \end{cases} \tag{5-52}$$

其中，$T_1, T_2, \cdots, T_k$ 是各段时间域轨迹上的未知参数，$s_k(t) \in [\eta_{k-1}, \eta_k]$ 是一个单调递增函数。

在时间域，最小时间轨迹生成问题的目标函数记为 J，定义如下：

$$J = \int_0^T \mathrm{d}t = \sum_{j=1}^{k} \int_{\eta_{j-1}}^{\eta_j} \frac{1}{\dot{s}_j} \mathrm{d}s \tag{5-53}$$

其中，$\dot{s}_j = \dfrac{\mathrm{d}s_j(t)}{\mathrm{d}t}$；$k$ 为时间域轨迹的段数。

引入优化变量，同时满足以下约束条件：

$$a(s) = \ddot{s}, \quad b(s) = (\dot{s})^2 \tag{5-54}$$

$$\dot{b}(s) = 2a(s)\dot{s} \tag{5-55}$$

1. 连续性约束

为了保证空间域轨迹在时间域的平滑，在时间域添加速度和加速度连续性约束：

$$\boldsymbol{\chi}_j'(s_j(T_j))\sqrt{b_j(s_j(T_j))} = \boldsymbol{\chi}_{j+1}'(s_{j+1}(0))\sqrt{b_{j+1}(s_{j+1}(0))} \tag{5-56}$$

$$\begin{aligned} &\boldsymbol{\chi}_j''(s_j(T_j))b_j(s_j(T_j)) + \boldsymbol{\chi}_j'(s_j(T_j))a_j(s_j(T_j)) \\ =&\boldsymbol{\chi}_{j+1}''(s_{j+1}(0))b_{j+1}(s_{j+1}(0)) + \boldsymbol{\chi}_{j+1}'(s_{j+1}(0))a_{j+1}(s_{j+1}(0)) \end{aligned} \tag{5-57}$$

$$\boldsymbol{\gamma}_j'(s_j(T_j))\sqrt{b_j(s_j(T_j))} = \boldsymbol{\gamma}_{j+1}'(s_{j+1}(0))\sqrt{b_{j+1}(s_{j+1}(0))} \tag{5-58}$$

其中，$\boldsymbol{\chi}' = \dfrac{\partial \boldsymbol{\chi}}{\partial s} = \left[\dfrac{\partial x}{\partial s}, \dfrac{\partial y}{\partial s}, \dfrac{\partial z}{\partial s}\right]^{\mathrm{T}}$，$\boldsymbol{\chi}'' = \dfrac{\partial^2 \boldsymbol{\chi}}{\partial s^2} = \left[\dfrac{\partial^2 x}{\partial s^2}, \dfrac{\partial^2 y}{\partial s^2}, \dfrac{\partial^2 z}{\partial s^2}\right]^{\mathrm{T}}$，$\boldsymbol{\gamma}' = \dfrac{\partial \boldsymbol{\gamma}}{\partial s} = \left[\dfrac{\partial \phi}{\partial s}, \dfrac{\partial \theta}{\partial s}, \dfrac{\partial \psi}{\partial s}\right]^{\mathrm{T}}$。式(5-56)和式(5-57)的物理意义是指第 j 段位置轨迹的终止速度和终止加速度分别等于第 $j+1$ 段位置轨迹的初始速度和初始加速度，式(5-58)要求姿态轨迹的第一阶导数是连续的。

2. 动力学约束

为了避免轨迹的速度和加速度超出转子的物理约束, 将下面约束施加到轨迹的速度和加速度上:

$$-\overline{\boldsymbol{v}} \leqslant \boldsymbol{\chi}'(s(t))\sqrt{b(s(t))} \leqslant \overline{\boldsymbol{v}} \tag{5-59}$$

$$-\overline{\boldsymbol{a}} \leqslant \boldsymbol{\chi}''(s(t))b(s(t)) + \boldsymbol{\chi}'(s(t))a(s(t)) \leqslant \overline{\boldsymbol{a}} \tag{5-60}$$

$$-\overline{\boldsymbol{\omega}} \leqslant \boldsymbol{\gamma}'(s(t))\sqrt{b(s(t))} \leqslant \overline{\boldsymbol{\omega}} \tag{5-61}$$

其中, $\overline{\boldsymbol{v}} = [\overline{v}_x, \overline{v}_y, \overline{v}_z]^{\mathrm{T}}$ 和 $\overline{\boldsymbol{a}} = [\overline{a}_x, \overline{a}_y, \overline{a}_z]^{\mathrm{T}}$ 为速度和加速度的上界; $\overline{\boldsymbol{\omega}} = [\overline{\omega}_x, \overline{\omega}_y, \overline{\omega}_z]^{\mathrm{T}}$ 为姿态角速度的上界。

3. 边界值约束

假设 v_s 和 a_s 分别为轨迹的起始速度和起始加速度, v_e 和 a_e 分别为最后一段轨迹的终止速度和终止加速度, 则有如下约束:

$$\boldsymbol{\chi}_1'(s_1(0))\sqrt{b(s_1(0))} = \boldsymbol{v}_s, \quad \boldsymbol{\chi}_k'(s_k(T_k))\sqrt{b(s_k(T_k))} = \boldsymbol{v}_e \tag{5-62}$$

$$\boldsymbol{\gamma}_1'(s_1(0))\sqrt{b(s_1(0))} = \boldsymbol{\omega}_s, \quad \boldsymbol{\gamma}_k'(s_k(T_k))\sqrt{b(s_k(T_k))} = \boldsymbol{\omega}_e \tag{5-63}$$

$$\boldsymbol{\chi}_1''(s_1(0))b(s_1(0)) + \boldsymbol{\chi}_1'(s_1(0))a(s_1(0)) = \boldsymbol{a}_s \tag{5-64}$$

$$\boldsymbol{\chi}_k''(s_k(T_k))b(s_k(T_k)) + \boldsymbol{\chi}_k'(s_k(T_k))a(s_k(T_k)) = \boldsymbol{a}_e \tag{5-65}$$

其中, $\boldsymbol{\omega}_s = [\omega_{xs}, \omega_{ys}, \omega_{zs}]^{\mathrm{T}}$ 和 $\boldsymbol{\omega}_e = [\omega_{xe}, \omega_{ye}, \omega_{ze}]^{\mathrm{T}}$ 分别为初始状态和最后一段轨迹的终止状态。

5.5.3 数值求解

通过将上述优化问题重构为 SOCP (二阶锥规划) 问题来求解。重构时, 首先离散化 $[\eta_{j-1}, \eta_j]$ 产生 $K+1$ 个离散点, 满足 $s_j^0 = \eta_{j-1} \leqslant s_j^m \leqslant \eta_j = s_j^K$, 这里的 K 表示离散的段数; 之后, 引入离散变量 a_j^m 和 b_j^m 来构建 $a(s)$ 和 $b(s)$; 根据文献 [142], $a(s)$ 是一个分段常数, $b(s)$ 是一个分段线性函数。因此, $b(s)$ 可以写为

$$b(s) = b_j^m + \frac{b_j^{m+1} - b_j^m}{s_j^{m+1} - s_j^m}(s - s_j^m), \quad s \in [s_j^m, s_j^{m+1}] \tag{5-66}$$

式(5-55)可以写为

$$b_j^{m+1} - b_j^m = 2(s_j^{m+1} - s_j^m)a_j^m \tag{5-67}$$

代价函数(5-53)可以重写为

$$J = \sum_{j=1}^{k} \int_{\eta_{j-1}}^{\eta_j} \frac{1}{\sqrt{b_j(s)}} \mathrm{d}s \tag{5-68}$$

使用式(5-66)来计算式(5-68)，则式(5-68)可计算为

$$J = \sum_{j=1}^{k} \sum_{m=0}^{K-1} \frac{2}{\sqrt{b_j^{m+1}} + \sqrt{b_j^m}} (s_j^{m+1} - s_j^m) \tag{5-69}$$

该式通过添加一些二阶锥约束转化为一个线性目标函数，过程如下：

$$J = \sum_{j=1}^{k} \sum_{m=0}^{K-1} 2d_j^m (s_j^{m+1} - s_j^m) \tag{5-70}$$

其中，d_j^m 定义为

$$d_j^m \geqslant \frac{1}{c_j^m + c_j^{m+1}}, \quad \sqrt{b_j^m} \geqslant c_j^m \tag{5-71}$$

式(5-71)可以分别重写为旋转二次锥和二次锥约束：

$$2d_j^m (c_j^m + c_j^{m+1}) \geqslant \sqrt{2}^2 \tag{5-72}$$

$$(b_j^m + 1)^2 \geqslant (b_j^m - 1)^2 + (2c_j^m)^2 \tag{5-73}$$

空间域的轨迹导数是连续的，因此速度约束(5-56)和(5-58)可以写为

$$b_j^K = b_{j+1}^0 \tag{5-74}$$

由于 a_j^m 是在点 $s_j^{(m+1)/2} = \dfrac{s_j^m + s_j^{m+1}}{2}$ 处被计算，所以在第 j 段时间域轨迹上的 a_j^{K-1} 和第 $j+1$ 段时间域轨迹上的 a_{j+1}^0 并不是连续的[113]。故而，加速度连续约束(5-57)可以写为

$$\begin{aligned} -\overline{\boldsymbol{\delta}} \leqslant &\, \boldsymbol{\chi}_{j+1}''(s_{j+1}^{1/2}) b_{j+1}^{1/2} + \boldsymbol{\chi}_{j+1}'(s_{j+1}^{1/2}) a_{j+1}^0 \\ &- \boldsymbol{\chi}_j''(s_j^{K/2}) b_j^{K/2} - \boldsymbol{\chi}_j'(s_j^{K/2}) a_j^{K-1} \leqslant \overline{\boldsymbol{\delta}} \end{aligned} \tag{5-75}$$

其中，$b_{j+1}^{1/2} = (b_{j+1}^0 + b_{j+1}^1)/2$。

轨迹的加速度的变化率的约束为

$$\begin{aligned} -\overline{\boldsymbol{\delta}} \leqslant &\, \boldsymbol{\chi}_j''(s_j^{(m+2)/2}) b_j^{(m+2)/2} + \boldsymbol{\chi}_j'(s_j^{(m+2)/2}) a_j^{m+1} \\ &- \boldsymbol{\chi}_j''(s_j^{(m+1)/2}) b_j^{(m+1)/2} - \boldsymbol{\chi}_j'(s_j^{(m+1)/2}) a_j^m \leqslant \overline{\boldsymbol{\delta}} \end{aligned} \tag{5-76}$$

式(5-59)~ 式(5-61)可以写为

$$\boldsymbol{\chi}'^2(s_j^m)b_j^m \leqslant \overline{\boldsymbol{v}}^2, \quad \boldsymbol{\gamma}'^2(s_j^m)b_j^m \leqslant \overline{\boldsymbol{\omega}}^2 \tag{5-77}$$

$$-\overline{\boldsymbol{a}} \leqslant \boldsymbol{\chi}''(s_j^m)b_j^m + \boldsymbol{\chi}'(s_j^m)a_j^m \leqslant \overline{\boldsymbol{a}} \tag{5-78}$$

其中，$\boldsymbol{\chi}'^2 = [x'^2, y'^2, z'^2]^{\mathrm{T}}$；$\overline{\boldsymbol{v}}^2 = [\overline{v}_x^2, \overline{v}_y^2, \overline{v}_z^2]^{\mathrm{T}}$；$\boldsymbol{\gamma}'^2 = [x'^2, y'^2, z'^2]^{\mathrm{T}}$；$\overline{\boldsymbol{\omega}}^2 = [\overline{\omega}_x^2, \overline{\omega}_y^2, \overline{\omega}_z^2]^{\mathrm{T}}$。

对于边界值约束，速度约束(5-62)和(5-63)可以分别写为

$$\boldsymbol{\chi}_1'^2(s_1^0)b_1^0 = \boldsymbol{v}_s^2, \quad \boldsymbol{\chi}_k'^2(s_k^K)b_k^K = \boldsymbol{v}_e^2 \tag{5-79}$$

$$\boldsymbol{\gamma}_1'^2(s_1^0)b_1^0 = \boldsymbol{\omega}_s^2, \quad \boldsymbol{\gamma}_k'^2(s_k^K)b_k^K = \boldsymbol{\omega}_e^2 \tag{5-80}$$

其中，$\boldsymbol{v}_s^2 = [v_{xs}^2, v_{ys}^2, v_{zs}^2]^{\mathrm{T}}$；$\boldsymbol{v}_e^2 = [v_{xe}^2, v_{ye}^2, v_{ze}^2]^{\mathrm{T}}$；$\boldsymbol{\omega}_s^2 = [\omega_{xs}^2, \omega_{ys}^2, \omega_{zs}^2]^{\mathrm{T}}$；$\boldsymbol{\omega}_e^2 = [\omega_{xe}^2, \omega_{ye}^2, \omega_{ze}^2]^{\mathrm{T}}$。

与加速度的连续约束同理，边界值约束(5-64)和(5-65)可以写为

$$-\overline{\boldsymbol{\delta}} \leqslant \boldsymbol{\chi}_1''(s_1^{1/2})b_1^{1/2} + \boldsymbol{\chi}_1'(s_1^{1/2})a_1^0 - \boldsymbol{a}_s \leqslant \overline{\boldsymbol{\delta}} \tag{5-81}$$

$$-\overline{\boldsymbol{\delta}} \leqslant \boldsymbol{\chi}_k''(s_k^{K/2})b_k^{K/2} + \boldsymbol{\chi}_k'(s_k^{K/2})a_k^{K-1} - \boldsymbol{a}_e \leqslant \overline{\boldsymbol{\delta}} \tag{5-82}$$

综上，这些公式可以构成一个 SCOP 问题，可以通过 Mosek 求解器求解。

5.5.4　实验验证

为了验证所提出算法的可行性，与文献 [101] 中算法进行对比，其使用梯度下降来实现时间分配。

1. 仿真结果

梯度下降法[101] 并没有考虑全姿态规划，因此重构该算法使得能够更加公平地比较两个算法。首先，构建 QP（二次规划）问题用来优化位置轨迹和姿态轨迹，并使用梯形加速度来实现时间的预分配；然后，使用梯度下降法进行迭代，重分配时间。当出现不满足约束或者达到迭代的最大次数时，迭代终止。为了生成最小时间轨迹，总时间的代价项的权重取 500。

两种算法的比较结果如表5.1所示。比较过程运行在一台内存 16GB、Intel i5-12500H 处理器的笔记本电脑上。

表 5.1　8 段全位姿轨迹生成算法对比 　　　　　　　　　　　　（单位：s）

算法	求解时间	总轨迹分配时间
梯度下降法	1.5015	17.6292
本章提出算法	0.1916	17.3159

在上述两个轨迹生成算法中,每个轴的最大速度为 3m/s,最大加速度为 $2\mathrm{m/s}^2$,最大姿态角速度为 0.8rad/s。

图5.22和图5.23分别是梯度下降法生成的位置轨迹和姿态轨迹。通过这两个图可以看出，梯度下降法分配的总时间是 17.6292s。图5.24和图5.25分别是本章所提出算法生成的位置轨迹和姿态轨迹，总时间是 17.3159s。

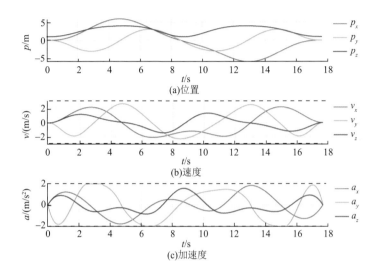

图 5.22　由梯度下降法生成的位置轨迹结果

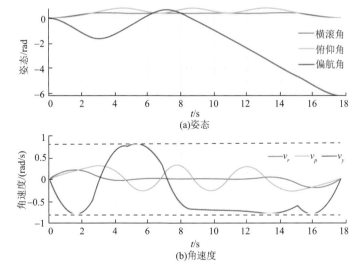

图 5.23　由梯度下降法生成的姿态轨迹

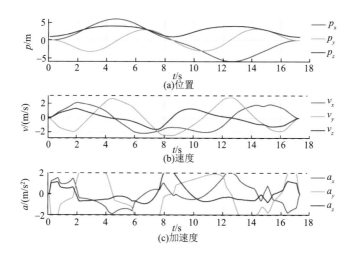

图 5.24　由本章所提算法生成的位置轨迹结果

　　比较图5.22和图5.24可以看出，本章所提算法生成的轨迹停留在速度和加速度最大值的时间比梯度下降法生成的轨迹停留的时间长，进一步验证了所提算法可以更好地利用过驱动八旋翼的动力学特性。

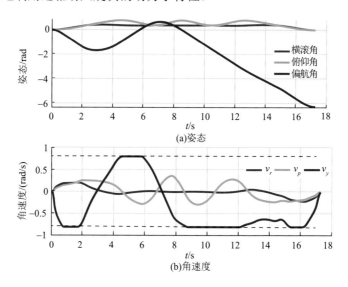

图 5.25　由本章所提算法生成的姿态轨迹

　　在对比实验中，本章所提算法的相关参数如下：每段时间轨迹的分割数目 K 取 50，K 的取值对时间分配的影响如图5.26所示。由图可以看出 8 段轨迹的总时间随着 K 值增加而趋于最优，但是求解时间却随着 K 值的增加而增加。

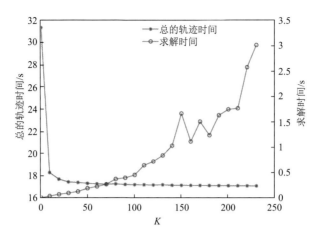

图 5.26　K 的取值对时间分配的影响

2. 跟踪轨迹实验

所使用的实验平台如图5.7所示。八旋翼飞行器的机架由双层电路印刷板制成，连接部分由尼龙制成，选用 T-MOTOR 的 F15 电机，并配有 Gemfan Flash 2540 的三叶桨；使用 NOKOVMars-1.3H 动捕系统来测量过驱动八旋翼飞行器的位置和姿态；轨迹生成算法运行在地面站，这个地面站是一个带有 Intel Xeon E5-1650 处理器的工作站，它通过 RS485 给飞行器的微处理器发送离散的期望位姿数据和测量的位姿数据；数据传输的频率是 200Hz，微处理器使用 ARMCortex-M4 核心。

在实际飞行实验中，以过驱动八旋翼飞行器执行设备巡检为场景，由于每个随意摆放的设备都对应一个过驱动八旋翼飞行器位姿，基于这些位姿，本章所提算法可以生成一个用于巡检的轨迹，如图5.27所示。根据飞行器的实际飞行能力，x 轴和 y 轴的最大加速度均为 0.2m/s^2。因为当飞行器倾斜时需要克服重力，所以这个飞行器在 x 轴和 y 轴所提供的推力会受到限制；最大速度取为 0.3m/s，最大角速度取为 0.5rad/s。

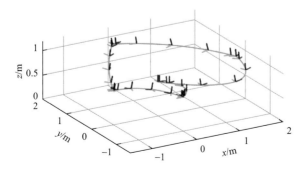

图 5.27　本章所提算法生成的一个用于巡检的期望轨迹

如图5.28所示,当过驱动八旋翼飞行器到达设备的顶部时,会以一个特定的姿态保持悬停 1s 以完成巡检;之后,飞行器会继续飞到下一个巡检设备去执行巡检任务。

过驱动八旋翼飞行器执行巡检任务的实验结果如图5.29所示。可见,位置跟踪误差在 3.8cm 以内,而姿态跟踪误差在 3.6° 以内。

图 5.28 过驱动八旋翼飞行器执行设备巡检任务

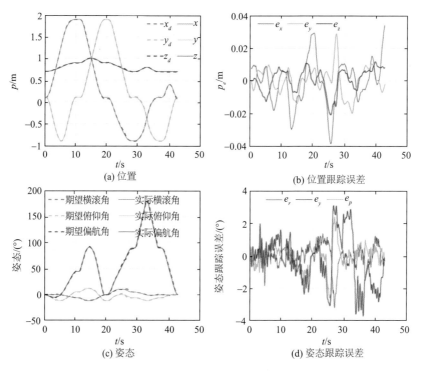

(a) 位置

(b) 位置跟踪误差

(c) 姿态

(d) 姿态跟踪误差

图 5.29 过驱动八旋翼飞行器执行设备巡检任务的实验结果

　　转子的期望控制输入如图5.30所示,可以看出转子的输入出现饱和。这是因为控制分配是通过计算控制分配矩阵的伪逆来求解的,使得控制分配算法可能产生一个不太合适的控制输入。

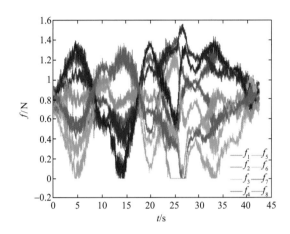

图 5.30　过驱动八旋翼飞行器转子的期望控制输入

5.6　本 章 小 结

　　本章以可控性最优为指标,使用数值优化方法设计了一种微型过驱动八旋翼飞行器,阐述了使用转子非共面配置方案设计飞行器时转子的位置及数量优化的过程及方法。所述微型过驱动八旋翼飞行器具备 6D 轨迹跟踪能力,实现了飞行器位置控制与姿态控制的解耦。针对飞行器面临被不明飞行物碰撞的威胁,提出了一种“顺势而为”的三维碰撞恢复策略。当飞行器被不明飞行物碰撞后,通过对飞行器飞行路线的规划逐渐抵消碰撞能量,同时利用飞行器的过驱动特性逐渐逃离不明飞行物的飞行路线;设计了一种降级姿态控制策略,能够保证飞行器的大角度机动以及平衡姿态的快速恢复;通过飞行器的顶部碰撞实验、底部碰撞实验以及侧向碰撞实验验证了所提出的降级控制策略的有效性;同时,针对过驱动多旋翼飞行器执行设备巡检场景,提出了一种 6D 全位姿轨迹生成算法。最后,通过飞行实验验证了所提出算法的可行性。

第 6 章　新型同步倾斜转子六旋翼飞行器的设计与控制

6.1　引　　言

以平面四旋翼为代表的多旋翼飞行器,得益于极简的结构和较高的飞行效率等优点,广泛应用于航拍、测绘、农业、军事等领域[143-147]。近年来,四旋翼飞行器的控制算法已经发展得较为成熟,但难以弥补飞行器结构上的缺陷。随着应用不断拓展,飞行器往往需要面临更复杂的环境,执行更困难的任务,这对飞行器机动性、灵活性、鲁棒性等方面都是更大的挑战。例如,在执行空中操作物体或与环境物理交互等任务时[26,148-151],需要飞行器具有矢量飞行或者全向飞行的能力,完成全姿态轨迹跟踪,然而传统的多旋翼飞行器转子共平面,是一种强耦合、欠驱动的非线性系统,不能完成姿态和位置的独立控制[152]。因此,迫切需要新型的飞行器适应这些任务,其中改进飞行器的结构成为一种有效的解决方案。

结构改进通常有两个思路:采用非平面固定转子或可倾斜转子。根据飞行器的飞行能力,飞行器可以分为全向飞行器和矢量飞行器,其中全向飞行器可以产生任何方向上的推力和力矩,而矢量飞行器只能产生有限范围内的推力和力矩。

固定转子非平面配置飞行器展现出色的飞行性能,同时具有简单的结构,文献 [48] 提出了一种新型的 6 个自由度飞行器,使用 8 个转子的配置来最大化飞行器在任何方向上的敏捷性,并提出一种控制策略解耦飞行器的平移和旋转动力学行为,实现全向飞行;文献 [153] 设计了一个全驱动六旋翼飞行器,利用 6 个可变螺距的螺旋桨来实现 6 个自由度的机动动作,这个全驱动六旋翼飞行器可以任意姿态进行悬停;文献 [42]、[154] 和 [155] 通过改进传统的多旋翼结构,将每个转子朝一定方向倾转一定角度,得到固定转子非平面飞行器,均可实现一定程度的矢量飞行。但是固定转子非平面飞行器的缺点也很明显,即由于转子非共面,内力消耗较多,效率较低。

首先,本章从现有的空中飞行器的优势和不足中得到启发,提出转子同步倾转的飞行器设计思路,使用较少的额外的执行器(本章为一个额外的伺服舵机),实现飞行器在不同转子配置间的转换;按照这种思路,提出一种机械结构实现方法，其整体紧凑可靠，在实现功能的同时，具有很轻的整体重量，如图 6.1 所示。

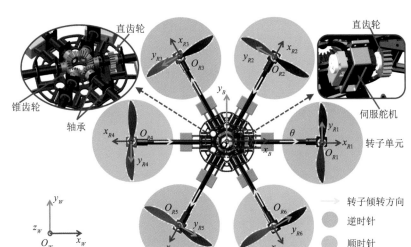

图 6.1　飞行器机械设计实现和各坐标系定义关系

（黄色箭头表示每只手臂的倾转轴方向，与转子的倾转方向满足右手定则）

其次，提出适用于不同转子配置下飞行器的 6D 轨迹跟踪控制算法；通过对不同倾转角下飞行器推力可达集的建模，使用其最大内切圆锥体代替推力可达集，其目的是方便对可达集进行参数化估计；提出在 SO(3) 上的基于锥体可达集的几何控制算法，控制器接收参考的 6D 轨迹 ($\mathbb{R}^3$ 和 SO(3)) 作为输入，实时调整其目标姿态，优先保证位置跟踪精度，同时使得姿态跟踪误差最小。该算法适用于欠驱动配置和全驱动配置的无缝切换，也可以推广到其他具有横向推力的飞行器上。

6.2　机械结构设计

倾斜转子六旋翼飞行器通过在每个转子上增加一个伺服舵机来改变每个转子的推力方向，不仅增加了整体重量和功耗，而且 6 个控制器输出应该映射到 12 个执行器，其控制分配和控制策略相当复杂。为了解决这些问题，考虑将 6 个机臂的倾斜运动通过机械机构耦合在一起，实现转子的同步倾转，这样仅使用一个额外的伺服舵机即可控制所有转子的倾转角；优化了整体结构设计[156]，使得飞行器在继承倾转六旋翼优势的同时，控制更加容易。

飞行器由 6 个机臂、1 个基座和 1 个额外的舵机传动模组组成。基座由碳纤维板拼接而成，主要组成部分为上下两块碳纤维板、固定在下碳纤维板上的起落架；直流无刷电机和螺旋桨通过一个连接件安装在机臂的碳纤维管上，碳纤维管的另一端固定了一个 60° 的锥齿轮，连接件和锥齿轮由 3D 打印制成，材料为尼龙；6 个机臂沿着基座中心均匀排布，相邻两个机臂的夹角为 60°；机臂通过两个轴承安装在基座上，这样机臂可以相对于基座旋转，两个轴承保证了机臂转动的稳定性和可靠性；所有锥齿轮啮合在一起，因此机臂的旋转运动也耦合在一起，相邻两个机臂相对基座旋转方向相反，转子转动方向如图6.1所示。碳纤维管和轴承间、轴承和基座间均采用紧配合，并使用定位销保证轴承和碳纤维管的定位及倾转可靠；额外的伺服舵机安装在下碳纤维板上，通过一对直齿轮将动力传递到其中一个机臂上，传动比为 1 : 1。这样，伺服舵机就可以控制所有转子的倾转角，飞行器的转子配置由伺服舵机的转动角度唯一确定。

　　倾斜转子六旋翼飞行器原型如图6.2所示。飞行器的整体质量为 2.0kg，包括 400g 的电池，机臂长为 0.315m。转子型号为 T−motor AIR2216，装载 11in 的螺旋桨，单个转子可提供的最大推力为 1.0kg。理论上转子可以倾斜 360°，由于机械间隙的存在，齿轮传动机构存在一定的误差，倾转角的精度保持在 1° 以内。使用直流无刷电机电子调速器完成直流无刷电机驱动，以及自制的飞行控制器完成对转子控制和舵机的运动控制，飞行控制器配备了惯性测量单元，型号为 MPU6050，集成了三轴陀螺仪和三轴加速度计。除此之外，还有无线数传等复杂设备。飞行控制器通过弹性减振片与机体相连，减少了飞行器振动对飞行控制板的影响。

图 6.2　倾斜转子六旋翼飞行器原型

　　本设计的创新性可以总结如下：

　　(1) 每个机臂都可以相对于机身旋转，其中一个机臂的旋转运动由两个正齿轮传递，即舵机直接驱动一个机臂旋转，其他五个机臂的旋转运动由锥齿轮传动。

该方案简单、结构紧凑，只用一个额外伺服舵机即可驱动所有的转子同步倾斜。

（2）基座整体制造，可以很好地保证旋转精度和定位精度。

（3）所有结构组件均由碳纤维或尼龙制成，整体重量较轻，这个结构也很简单，易于制造和组装。

6.3　系统建模与分析

世界坐标系定义为 $\mathscr{F}_W : \{O_W\text{-}x_W, y_W, z_W\}$，$z_W$ 轴朝上，固定在地面上。机身坐标系定义为 $\mathscr{F}_B : \{O_B\text{-}x_B, y_B, z_B\}$，建立在无人飞行器的重心上。最后，每个转子的坐标系定义为 $\mathscr{F}_{Ri} : \{O_{Ri}\text{-}x_{Ri}, y_{Ri}, z_{Ri}\}$，其中 x_{Ri} 代表第 i 个转子倾转运动的方向，z_{Ri} 代表第 i 个转子的推力方向，如图6.1所示。

为了简化模型，对飞行器做以下假设：

（1）多旋翼飞行器是一个刚体，其机构是对称的。

（2）多旋翼飞行器的重心与几何中心重合。

（3）多旋翼飞行器在倾斜和姿态变化时的陀螺仪扭矩可以忽略不计。

（4）转子的推力和反向扭矩与转速的平方成正比。

（5）每个转子不相互干扰，相对独立。

（6）忽略各转子的倾斜误差。

（7）忽略机械结构传动和控制信号的滞后性。

6.3.1　动力学模型

锥齿轮的传动机构决定了相邻的两个转子转动方向相同，当伺服舵机的转动角度为 γ 时，第 i 个转子的倾转角为 $\gamma_i = (-1)^{i+1}\gamma$。

$\boldsymbol{R}_B^A \in \mathrm{SO}(3)$ 代表从坐标系 $\mathscr{F}_B$ 到坐标系 $\mathscr{F}_A$ 的旋转矩阵。在 $\mathrm{SO}(3)$ 上，定义 $\boldsymbol{R}_x$、$\boldsymbol{R}_y$、$\boldsymbol{R}_z$ 分别为绕 x、y、z 轴的单位旋转矩阵，$\boldsymbol{e}_x, \boldsymbol{e}_y, \boldsymbol{e}_z \in \mathbb{R}^{3\times1}$ 为三维单位向量，旋转矩阵 $\boldsymbol{R}_{Ri}^B$ 表示第 i 个转子坐标系 $\mathscr{F}_{Ri}$ 相对于机身坐标系 $\mathscr{F}_B$ 的旋转角，则有

$$\boldsymbol{R}_{Ri}^B(\gamma) = \boldsymbol{R}_z\left[(i-1)\frac{\pi}{3}\right]\boldsymbol{R}_x(\gamma_i) \tag{6-1}$$

其中，$i = 1, 2, \cdots, 6$。

向量 $\boldsymbol{r}_i^B$ 表示第 i 个转子坐标系 $\boldsymbol{O}_{Ri}$ 到机身坐标系中心 $\boldsymbol{O}_B$ 的相对位置，则有

$$\boldsymbol{r}_i^B = \boldsymbol{R}_z\left[(i-1)\frac{\pi}{3}\right]\begin{bmatrix} l \\ 0 \\ 0 \end{bmatrix} \tag{6-2}$$

其中，l 为从 $\boldsymbol{O}_B$ 到 $\boldsymbol{O}_{Ri}$ 的距离。

根据空气动力学模型，每个转子产生的推力和反转力矩近似与转子转速 n 的平方成正比。所以，每个转子的推力 f_i 可以表示为转子转速 n_i 的函数：

$$f_i = \kappa n_i^2 \tag{6-3}$$

其中，κ 为转子推力常数。

第 i 个转子提供的推力和反转力矩在 $\mathscr{F}_B$ 上表示为

$$\boldsymbol{f}_i^B = f_i \boldsymbol{R}_i^B(\gamma)\boldsymbol{e}_z \tag{6-4}$$

$$\boldsymbol{\tau}_i^B = (-1)^{i+1} c_f^\tau f_i \boldsymbol{R}_i^B(\gamma)\boldsymbol{e}_z \tag{6-5}$$

其中，c_f^τ 为转子推力和转子反转力矩的比例系数。

对于飞行器系统，总推力等于所有转子产生的推力的矢量和：

$$\boldsymbol{F}^B = \sum_{i=1}^6 \boldsymbol{f}_i^B = \boldsymbol{A}_F(\gamma)\boldsymbol{U} \tag{6-6}$$

总转矩由两部分组成：一部分是所有转子产生的反转力矩的矢量和，另一部分是由每个推力产生的转矩，即

$$\boldsymbol{\tau}^B = \sum_{i=1}^6 (\boldsymbol{\tau}_i^B + \boldsymbol{r}_i^B \times \boldsymbol{f}_i^B) = \boldsymbol{A}_\tau(\gamma)\boldsymbol{U} \tag{6-7}$$

其中，$\boldsymbol{U} = [f_1, f_2, f_3, f_4, f_5, f_6]^T$ 是由每个转子的推力组成的列向量。

由于转子推力受转子转速饱和的影响，每个转子的推力限制在最小推力和最大推力之间：

$$0 < f_{\min} \leqslant f_i \leqslant f_{\max} \tag{6-8}$$

其中，下限 $f_{\min}$ 是由转子的最小角速度产生的，这是其控制器正常运行所必需的[157]；上限 $f_{\max}$ 由转子的最大推力决定。则可以推导出可行的控制输入 $\boldsymbol{U}$ 的集合：

$$\mathbb{U} = \{\boldsymbol{U} \in \mathbb{R}^6 | f_{\min}\boldsymbol{1} \preccurlyeq \boldsymbol{U} \preccurlyeq f_{\max}\boldsymbol{1}\} \tag{6-9}$$

其中，$\preccurlyeq$ 表示分量不等式；$\boldsymbol{1}$ 是所有元素都为 1 的列向量。

结合式(6-6) 和式 (6-7)，可以推导出

$$\begin{bmatrix} \boldsymbol{F}^B \\ \boldsymbol{\tau}^B \end{bmatrix} = \begin{bmatrix} \boldsymbol{A}_F(\gamma) \\ \boldsymbol{A}_\tau(\gamma) \end{bmatrix} \boldsymbol{U} = \boldsymbol{A}(\gamma)\boldsymbol{U} \tag{6-10}$$

其中，$\boldsymbol{A}(\gamma) = [\boldsymbol{A}_F(\gamma) \quad \boldsymbol{A}_\tau(\gamma)]^T \in \mathbb{R}^{6\times 6}$ 称为控制效率矩阵。矩阵的行数表示无

人机的自由度，列数表示转子的数量。

在飞行器为刚体的假设下，飞行器的动力学方程可以用牛顿-欧拉方程表示：

$$\begin{bmatrix} m\ddot{\boldsymbol{p}} \\ \boldsymbol{J}\dot{\boldsymbol{w}}^B \end{bmatrix} = - \begin{bmatrix} mg\boldsymbol{e}_z \\ \boldsymbol{w}^B \times \boldsymbol{J}\boldsymbol{w}^B \end{bmatrix} + \begin{bmatrix} \boldsymbol{R}_B^W \boldsymbol{F}^B \\ \boldsymbol{\tau}^B \end{bmatrix} \tag{6-11}$$

其中，m 为飞行器的总质量；$g > 0$ 为重力加速度；$\boldsymbol{J} = \mathrm{diag}(J_{xx}, J_{yy}, J_{zz}) \in \mathbb{R}^{3\times 3}$ 为在 $\mathscr{F}_B$ 坐标系下飞行器的转动惯量；$\boldsymbol{w}^B$ 为在 $\mathscr{F}_B$ 坐标系下飞行器的角速度。

6.3.2　飞行器分析与讨论

理论上转子的倾转角不受结构的限制，但实际受伺服舵机倾转角的限制。将伺服舵机的倾转角范围指定为 $\gamma \in (-90°, 90°)$。

控制效率矩阵 $\boldsymbol{A}$ 是一个方阵，且矩阵 $\boldsymbol{A}$ 由倾转角 γ 唯一确定，那么可以通过分析矩阵中 γ 的行列式和秩，来确定飞行器的奇异转子构型。

需要注意的是，当 $\gamma = -2.48°$ 时，$\mathrm{rank}(\boldsymbol{A}(\gamma)) = 5$，并且飞行器处于奇异状态[158]。奇异的原因是反转力矩产生的偏航转矩力矩分量与推力附加的偏航转矩力矩分量相互抵消，导致此时飞行器无法提供偏航转矩。因此，必须将倾转角限制在一个正数的范围内。只考虑 $\gamma \in [0°, 90°)$ 的情况。当 $\gamma = 0°$ 时，$\mathrm{rank}(\boldsymbol{A}(\gamma)) = 4$。在这种情况下，飞行器变成了传统的转子共面的六旋翼飞行器。当 $\gamma > 0°$ 时，可以推断出：

$$\mathrm{rank}(\boldsymbol{A}(\gamma)) = 6, \quad \forall \gamma \in (0°, 90°) \tag{6-12}$$

可以看出，本章提出的飞行器在 $\gamma \in (0°, 90°)$ 下具有一定的全驱动特性。然而，当 γ 很小时，其过驱动能力不明显，飞行器只能提供一个小的横向力，其控制方法和飞行性能几乎与传统的六旋翼飞行器相同。

无人飞行器产生的最大正推力定义为

$$\boldsymbol{F}_u(\gamma) = [f_{\max}\boldsymbol{A}_F(\gamma)\boldsymbol{1}]_Z \tag{6-13}$$

它表示无人飞行器在倾转角 γ 时沿 $\boldsymbol{Z}_B$ 方向可提供的最大推力。进而计算飞行器的推力效率指数[159]：

$$\eta_f(\alpha) = \frac{\left\| \sum_{i=1}^{6} \boldsymbol{f}_i^B \right\|}{\sum_{i=1}^{6} \| \boldsymbol{f}_i^B \|} = \frac{\| \boldsymbol{F}^B \|}{\sum_{i=1}^{6} \| \boldsymbol{f}_i^B \|} \in [0, 1] \tag{6-14}$$

在倾转角 γ 的变化过程中，最大正推力和推力效率指数的变化如图 6.3所示。可以看出，γ 越大，推力效率指数越小，导致其续航能力越低，即无人飞行器水

平悬停时 γ 越大，其内部消耗越多的推力。因此，当飞行器执行水平悬停任务时，可以选择一个较小的 γ，甚至 $\gamma = 0°$。此外，需要注意的是：当 $\gamma > 75°$ 时，$\boldsymbol{F}_u(\gamma) < mg$。换句话说，在这种情况下，飞行器不能水平悬停。同时，当 $\gamma = 40°$ 时，推力效率指数为 76.6%，近 $1/4$ 的推力被内耗。为此，应限制 $\gamma \in [0°, 40°]$ 以确保一定的续航能力和起飞推力。

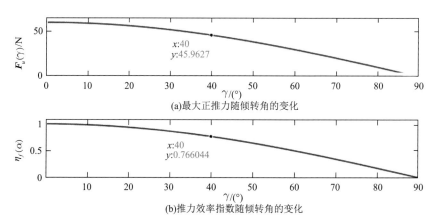

(a)最大正推力随倾转角的变化

(b)推力效率指数随倾转角的变化

图 6.3 飞行器的最大正推力 $\boldsymbol{F}_u(\gamma)$ 和飞行器的推力效率指数 $\eta_f(\alpha)$ 随倾转角 γ 的变化

6.3.3 双锥可达集

飞行器的推力可达集 FRS 定义为满足以下条件的所有推力的集合：

$$\mathbb{FRS}(\theta) = \{\boldsymbol{A}_F(\gamma)\boldsymbol{U} \in \mathbb{R}^3 | \boldsymbol{A}_\tau(\gamma)\boldsymbol{U} = 0, \boldsymbol{U} \in \mathbb{U}\} \tag{6-15}$$

采用蒙特卡罗方法得到了不同倾转角 γ 下飞行器推力可达集的形状和体积，如图6.4所示。可见，可达集的体积随着 γ 的增加而增加，达到最大值后，又会随着 γ 的增加而减小。

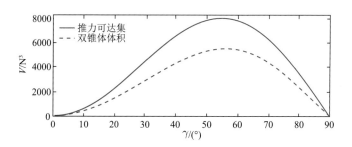

图 6.4 倾转六旋翼飞行器推力可达集和体积

在图6.5中，倾转六旋翼飞行器推力可达集的形状是一个六面体，其在 xy 平面上的投影是一个正六边形。当 γ 很小时，它的形状是细长的；当 $\gamma = 0°$ 时，退化为 e_3 方向上的一条线；当 e_3 很大时，其形状又短又胖；但当 $\gamma = 90°$ 时，它在 xy 平面上退化为一个六边形。此外，可达集的形状不是一个标准的几何形状，因此很难准确地描述可达集的范围和体积。

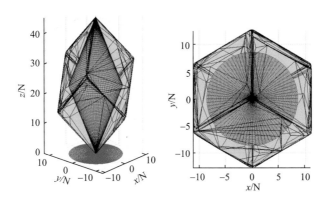

图 6.5　倾转六旋翼飞行器推力可达集形状

众所周知，四旋翼只能提供相对于机身 z_B 方向的推力，SE(3) 上的几何控制遵循：通过位置控制器计算参考推力 $\boldsymbol{F}_r^W$ 后，调整期望姿态，使 z_B 和 $\boldsymbol{F}_r^W$ 对齐[160,161]。该几何控制可以推广到本章提出的飞行器上。

全姿态几何控制的概念是若飞行器在给定飞行状态下所需的推力 $\boldsymbol{F}_r^W$ 不在倾转角的推力可达集范围内，则可以调整飞行器的期望姿态或改变转子配置，使飞行器能够提供足够的推力。因此，在飞行器的飞行过程中，必须更清楚地估计推力可达范围，并确定当前所需的推力 $\boldsymbol{F}_r^W$ 是否在当前可达范围内。然而，本章提出的六旋翼飞行器的推力可达集形状复杂，难以估计。

首先，观察到可达集的形状是一个六面体。顶部和底部具有对称的结构，因此考虑使用双锥体来简化可达集，如图6.5所示。双锥体完全在可达集内，其上锥面与可达集的上三个面相切，下锥面也与可达集的下三个面相切。

描述双锥体的两个最重要的参数是双锥体的高度和半内角 $\zeta(\gamma)$。在转子的不同配置中，双锥体的高度代表了最大推力 $\boldsymbol{F}_u(\gamma)$，半内角一定程度上表征了飞行器的全驱动特性。

6.4　全姿态几何控制

全姿态几何控制结构如图6.6所示。伺服舵机的倾转角 γ 由高水平运动规划器或操作员给出。位置控制器以所需的 6D 轨迹 ($\boldsymbol{R}_d \in \mathrm{SO}(3)$ 和 $\boldsymbol{p}_d, \dot{\boldsymbol{p}}_d, \ddot{\boldsymbol{p}}_d \in \mathbb{R}^3$)

作为输入。由传感器测量到的当前位置信息 $(\boldsymbol{p}_d, \dot{\boldsymbol{p}}, \ddot{\boldsymbol{p}} \in \mathbb{R}^3)$ 也被发送到位置控制器。位置控制采用 PID 算法计算参考推力 $\boldsymbol{F}_r^W$。

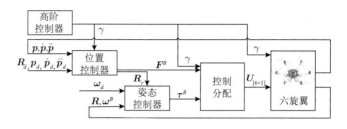

图 6.6 全姿态几何控制结构

然后，控制器确定参考推力是否在与期望姿态 $\boldsymbol{R}_d$ 所对应的推力可达集内，并实时调整期望姿态到 $\boldsymbol{R}_r$，使可达集包含 $\boldsymbol{F}_r^W$，同时保持姿态误差尽可能小。姿态控制器从位置控制器接收期望姿态 $\boldsymbol{R}_r$ 和由传感器测量的当前姿态信息。使用 SO(3) 上的姿态控制器计算期望力矩 $\boldsymbol{\tau}^B$。最后，通过控制分配计算各个转子的推力。

6.4.1 位置控制

位置跟踪误差的定义为

$$\boldsymbol{p}_e = \boldsymbol{p}_d - \boldsymbol{p} \tag{6-16}$$

飞行器的位置控制基于一个 PID 控制器，同时结合无人飞行器的动力学方程，可以得到其位置控制律：

$$\boldsymbol{F}_r^W = \boldsymbol{k}_p \boldsymbol{p}_e + \boldsymbol{k}_i \int \boldsymbol{p}_e \, \mathrm{d}t + \boldsymbol{k}_d \dot{\boldsymbol{p}}_e + m(g\boldsymbol{e}_z + \ddot{\boldsymbol{p}}_d) \tag{6-17}$$

其中，$\boldsymbol{k}_p$、$\boldsymbol{k}_i$、$\boldsymbol{k}_d$ 都是正的对角线增益矩阵。

接下来，应该确定参考推力是否在推力可达集内。首先，计算 $\boldsymbol{F}_r^W$ 和期望姿态 $\boldsymbol{R}_d$ 的 z^B 轴之间的夹角：

$$\sigma = \arccos \left(\frac{\boldsymbol{F}_d^W \boldsymbol{R}_d \boldsymbol{e}_z}{||\boldsymbol{F}_d^W||} \right) \geqslant 0 \tag{6-18}$$

半内角 $\zeta(\gamma)$ 反映了当前转子配置中飞行器的可达集范围。若 $\sigma \leqslant \zeta(\gamma)$，则不需要调整所需的姿态；相反，若 $\sigma > \zeta(\gamma)$，则需要调整姿态。将 z^B 向 $\boldsymbol{F}_d^W$ 旋转，直到 $\boldsymbol{F}_d^W$ 与 z^B 之间的夹角为 $\zeta(\gamma)$，得到期望姿态 $\boldsymbol{R}_r$，以保证姿态偏差最小。

众所周知，一个四元数可以表示两个坐标系之间的旋转关系。绕单位矢量 $\boldsymbol{n} = [n_x, n_y, n_z]^{\mathrm{T}}$ 旋转角度 φ，可以用一个四元数表示如下：

$$q = \begin{bmatrix} q_0 \\ \tilde{q} \end{bmatrix} = \begin{bmatrix} \cos\dfrac{\varphi}{2} \\ n\sin\dfrac{\varphi}{2} \end{bmatrix} \tag{6-19}$$

$\boldsymbol{R}_r$ 和 $\boldsymbol{R}_d$ 的相对姿态关系可以用一个四元数 $\boldsymbol{q}_{\text{tilt}}$ 来描述，它由一个旋转角 α 和一个单位旋转向量 $\tilde{\boldsymbol{q}}_{\text{tilt}}$ 组成，其中：

$$\alpha = \sigma - \zeta(\gamma)$$
$$\tilde{\boldsymbol{q}}_{\text{tilt}} = \frac{\boldsymbol{F}_d^W \times \boldsymbol{R}_d \boldsymbol{e}_z}{||\boldsymbol{F}_d^W||} \tag{6-20}$$

可以推导出

$$\boldsymbol{q}_{\text{tilt}} = \left[\cos\frac{\alpha}{2}; \sin\frac{\alpha}{2} \cdot \tilde{\boldsymbol{q}}_{\text{tilt}}\right] \tag{6-21}$$

四元数 $\boldsymbol{q}_{\text{tilt}} \in \mathbb{R}^4$ 可以转换为旋转矩阵 $\boldsymbol{R}_{\text{tilt}} \in \text{SO}(3)$，可以计算出：

$$\boldsymbol{R}_r = \boldsymbol{R}_{\text{tilt}} \cdot \boldsymbol{R}_d \tag{6-22}$$

函数 $\text{sat}(\boldsymbol{F}, F_{\text{limit}})$ 用于限制向量 $\boldsymbol{F}$ 的模长，定义为

$$\text{sat}(\boldsymbol{F}, F_{\text{limit}}) = \begin{cases} \boldsymbol{F}, & ||\boldsymbol{F}|| \leqslant F_{\text{limit}} \\ F_{\text{limit}} \dfrac{\boldsymbol{F}}{||\boldsymbol{F}||}, & ||\boldsymbol{F}|| > F_{\text{limit}} \end{cases} \tag{6-23}$$

由于物理限制，必须考虑飞行器的输入饱和，那么就必须限制参考推力 $\boldsymbol{F}_r^W$。根据双锥的几何关系，得以下约束：

$$\boldsymbol{F}_r^W = \begin{cases} \text{sat}\left(\boldsymbol{F}_r^W, \dfrac{F_u(\gamma)\sin\zeta(\gamma)}{\sin(\zeta(\gamma) + \sigma)}\right), & \sigma \leqslant \zeta(\gamma) \\ \text{sat}\left(\boldsymbol{F}_r^W, \dfrac{F_u(\gamma)}{2\cos\zeta(\gamma)}\right), & \sigma > \zeta(\gamma) \end{cases} \tag{6-24}$$

最后，通过将参考推力 $\boldsymbol{F}^w$ 转换到机体坐标系下，得到所期望的推力

$$\boldsymbol{F}^B = \boldsymbol{R}_r^{\text{T}} \cdot \boldsymbol{F}_r^W \tag{6-25}$$

在算法6.1中描述了用于计算 $\boldsymbol{R}_r$ 的伪代码，该算法的相关原理如图6.7所示。

6.4.2　姿态控制

姿态误差向量 $\boldsymbol{e}_R \in \mathbb{R}^3$ 和角速度误差向量 $\boldsymbol{e}_w \in \mathbb{R}^3$ 分别为

$$\boldsymbol{e}_R = \frac{1}{2}(\boldsymbol{R}_r^{\text{T}} \boldsymbol{R} - \boldsymbol{R}^{\text{T}} \boldsymbol{R}_r)^{\vee} \tag{6-26}$$

算法 6.1 计算 $\boldsymbol{R}_r$ 的伪代码

输入参数: $\boldsymbol{F}_r^W$、$\boldsymbol{R}_d$、γ

输出参数: $\boldsymbol{F}^B$, $\boldsymbol{R}_r$

1: $\sigma = \arccos\left(\dfrac{\boldsymbol{F}_d^W \boldsymbol{R}_d \boldsymbol{e}_z}{||\boldsymbol{F}_d^W||}\right)$

2: **if** $\sigma \leqslant \zeta(\gamma)$ **then**

3: $\quad \boldsymbol{F}_r^W = \text{sat}\left(\boldsymbol{F}_r^W, \dfrac{F_u(\gamma)\sin\zeta(\gamma)}{\sin(\zeta(\gamma)+\sigma)}\right)$

4: **else**

5: $\quad \alpha = \sigma - \zeta(\gamma)$

6: $\quad \widetilde{\boldsymbol{q}}_r = \dfrac{\boldsymbol{F}_d^W \times \boldsymbol{R}_d(:,3)}{||\boldsymbol{F}_d^W||}$

7: $\quad \boldsymbol{q}_{\text{tilt}} = [\cos\dfrac{\alpha}{2}; \sin\dfrac{\alpha}{2} \cdot \widetilde{\boldsymbol{q}}_{\text{tilt}}]$

8: $\quad \boldsymbol{R}_{\text{tilt}} = \text{quat2dcm}(\boldsymbol{q}_{\text{tilt}})$

9: $\quad \boldsymbol{F}_r^W = \text{sat}\left(\boldsymbol{F}_r^W, \dfrac{F_u(\gamma)}{2\cos\zeta(\gamma)}\right)$

10: **end if**

11: $\quad \boldsymbol{R}_r = \boldsymbol{R}_{\text{tilt}} \cdot \boldsymbol{R}_d$

12: $\quad \boldsymbol{F}^B = \boldsymbol{R}_r^{\text{T}} \cdot \boldsymbol{F}_r^W$

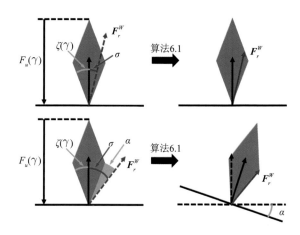

图 6.7 算法6.1的示意图

$$e_w = \boldsymbol{w}^B - \boldsymbol{R}^{\text{T}} \boldsymbol{R}_r \boldsymbol{w}_d \tag{6-27}$$

其中，"∨" 表示从 SO(3) 到 $\mathbb{R}^3$ 的 vee 映射。因此，可以得到期望的转矩为

$$\boldsymbol{\tau}^B = \boldsymbol{w}^B \times \boldsymbol{J}\boldsymbol{w}^B - \boldsymbol{K}_R\boldsymbol{e}_R - \boldsymbol{K}_w\boldsymbol{e}_w \tag{6-28}$$

6.4.3　控制分配

飞行器的期望推力和扭矩分别由式（6-25）和式（6-28）给出。根据式（6-10），可推导出各转子的推力

$$\boldsymbol{U} = \boldsymbol{A}(\gamma)^{-1} \begin{bmatrix} \boldsymbol{F}^B \\ \boldsymbol{\tau}^B \end{bmatrix} \tag{6-29}$$

6.5　仿 真 测 试

在 MATLAB/Simulink 中建立这个无人飞行器的物理模型和相应控制器，并且为了验证机械设计的可行性和控制算法的可靠性，采用两种类别的仿真实验来验证这个无人飞行器的倾转悬停能力和复杂轨迹跟踪能力。

6.5.1　倾转悬停仿真实验

通过调整转子的倾转角度，使得无人飞行器分别以 20°、40°、60° 的俯仰角进行悬停，以此来验证该无人飞行器在空中倾转悬停的能力。图6.8为飞行器在转子倾转角 γ 为 35°、55°、65° 时，俯仰角 θ 为 20°、40°、60° 下悬停的仿真结果。可以看出飞行器具有很好的悬停表现，验证了飞行器设计理念及控制算法的有效性。通过实验还发现，当转子倾转角 γ > 30° 时，飞行器能实现大角度倾斜飞行悬停。

(a)γ=35°，θ=20°　　　　(b)γ=55°，θ=40°　　　　(c)γ=65°，θ=60°

图 6.8　倾转悬停仿真结果

6.5.2　轨迹跟踪仿真实验

在这个仿真实验中，给定飞行器期望的飞行轨迹 $[x_d(t), y_d(t), z_d(t)]$，使得飞行器沿固定轨迹飞行的同时，保证姿态 $\boldsymbol{R}_d$ 为 $\boldsymbol{I}$，$\boldsymbol{I}$ 为 3×3 的单位矩阵。期望的轨迹为

$$
\begin{cases}
x_d(t) = 0.5\sin(0.15t) \\
y_d(t) = 0.7\sin(0.3t) \\
z_d(t) = 1.5
\end{cases}
\tag{6-30}
$$

当固定转子倾转角度 $\gamma = 60°$ 时，图 6.9(a) 为同一坐标系下期望轨迹 (蓝色) 与飞行器的实际飞行轨迹 (红色)，两条轨迹线几乎重合。图 6.9(b) 为仿真位置跟踪误差，最大误差约为 1.6mm，误差产生的原因主要是建模时忽略了陀螺力与惯性力。由此可见，飞行器具有很好的飞行特性，能完成复杂轨迹的跟踪。同时，也验证了飞行器位姿控制算法的可行性与稳定性。

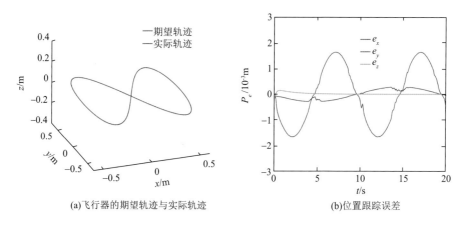

(a)飞行器的期望轨迹与实际轨迹　　　　　　(b)位置跟踪误差

图 6.9　倾转悬停仿真结果

6.6　实　验　验　证

6.6.1　样机制作

为了快速验证原型机，将控制器搭建在工作站的 MATLAB/Simulink 实时模式下，工作站的 CPU 为 Intel Xeon E5-1650；无人飞行器上搭载一块 ARM Cortex-M4 核心的微控制器；惯性测量单元为 JY931，以 500Hz 的频率提供加速器和角速度信息。微控制器对姿态数据进行初步的滤波处理，通过一根线缆连接

到工作站，实现全双工异步通信。无人飞行器将姿态信息传送到工作站，工作站将无人飞行器的控制输入和转子倾转角度信息传送到微控制器，微控制器解析数据并输出 PWM 传送到电子调速器，并控制总线伺服舵机倾转来改变转子配置。

工作站通过 200Hz 的用户数据报协议接收来自运动捕捉系统（NOKOVMars-1.3H）的 6D 位姿信号。利用卡尔曼滤波器将来自运动捕捉系统的姿态数据与机载惯性测量单元进行融合，以获得无人飞行器精确的姿态和角速度，并将这些姿态数据提供给姿态控制器。此外，将位置数据通过卡尔曼滤波器进行滤波，并提供给位置控制器。姿态控制器运行频率为 500Hz，位置控制器运行频率为 200Hz。

6.6.2　定点姿态倾斜实验

在本实验中，飞行器在定点悬停的情况下，倾斜机身姿态。转子倾转角设置为 $\gamma = 35°(\zeta(\gamma) = 17.8°)$，其倾转角度遵循正弦曲线，位置控制器以定点模式运行，最大倾斜悬停角为 15°（为了给位置控制留一定余量）。实验结果如图6.10和图6.11所示。在整个飞行过程中，飞行器的跟踪位置误差小于 3mm，以欧拉角表示的姿态跟踪误差小于 2°。飞行器在最大俯仰角 $\theta = -15°$ 下的飞行情况如图6.12所示。实验结果充分验证了飞行器的全驱动能力，即位置和姿态控制的解耦，并验证了飞行器可达集和对应飞行器的倾斜能力。

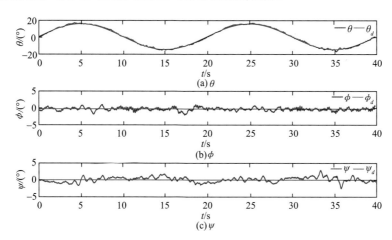

图 6.10　实验结果：期望姿态（红色）和实际姿态（蓝色）

6.6.3　6D 轨迹跟踪实验

在这个实验中，无人飞行器跟踪一个 6D 轨迹：$\boldsymbol{p}_d(t) = [x_d(t), y_d(t), z_d(t)]^{\mathrm{T}}$，$\boldsymbol{R}_d = \boldsymbol{I}_3 \in \mathrm{SO}(3)$。并且在跟踪过程中，转子的倾转角 γ 也从 0° 增至 35°，如

图6.13所示。

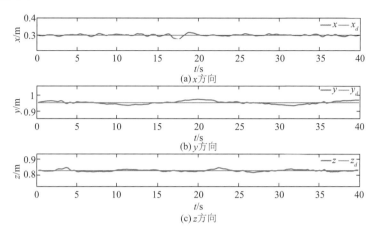

(a) x方向

(b) y方向

(c) z方向

图 6.11　实验结果：三轴期望位置（红色）和实际位置（蓝色）

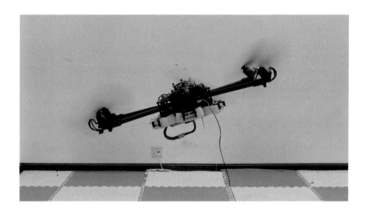

图 6.12　无人飞行器以俯仰角 $\theta = -15°$ 倾转悬停

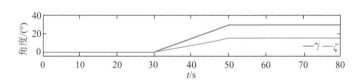

图 6.13　轨迹跟踪实验结果：倾转角 γ 和对应双锥体的半内角 ζ

$$
\begin{cases}
x_d(t) = 0.5\cos\left(\dfrac{48\pi}{80}t\right) + 0.62 \\[2mm]
y_d(t) = 1.16 \\[2mm]
z_d(t) = 0.57
\end{cases}
\tag{6-31}
$$

　　轨迹跟踪实验结果如图6.14~图6.16所示。在 30s 之前，无人飞行器是一个转子共面的六旋翼。从图中可以看出，当 γ 很小时，多旋翼具备的全驱动能力很弱，能产生的侧向推力也小，因此需要改变姿态才能实现位置控制；当 γ 很大时，无人飞行器可以在不改变姿态的情况下提供侧向推力来用于平移运动，因此它可以实现位置和姿态的解耦控制。在整个实验过程中，归因于全姿态几何控制算法，位置控制精度很高。

　　通过这个实验验证了在不同倾转角度下用于全姿态跟踪的几何控制算法的有效性，并体现出飞行器设计的合理性。

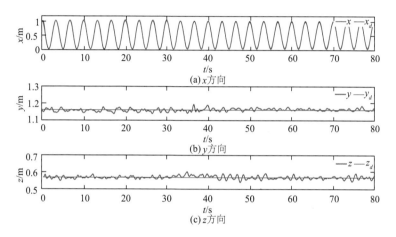

图 6.14　轨迹跟踪实验结果：期望三轴位置（红色）和实际三轴位置（蓝色）

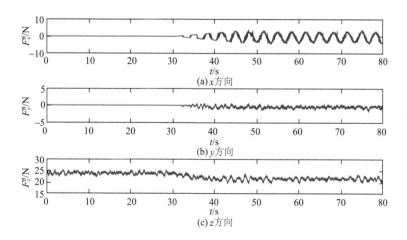

图 6.15　轨迹跟踪实验结果：三轴推力 $\boldsymbol{F}^B$

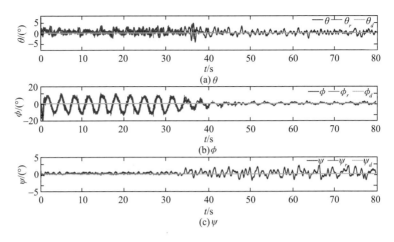

图 6.16 轨迹跟踪实验结果：三轴期望姿态（红色）和实际姿态（蓝色）

6.7 本章小结

本章提出了一种新型转子可倾转六旋翼飞行器的设计思路与控制方法，每个转子都可以相对于机身倾转，并通过锥齿轮将所有转子的倾转运动耦合在一起，设计了简单可靠的机械传动机构，一个额外的伺服舵机即可实现所有转子的同步倾转，进而改变飞行器的转子配置。当转子共线时，成为一个传统的六旋翼飞行器，具有较高的飞行效率，然而非共线的转子配置使得飞行器可以解耦其平移和旋转动力学行为，具有全驱动能力，通过改变伺服舵机旋转角度即可改变其全驱动能力。进一步提出了适用于不同转子配置下飞行器的 6D 轨迹跟踪控制算法。通过对不同倾转角度下飞行器推力可达集的建模，使用其最大内切圆锥体代替推力可达集，其目的是方便对可达集进行参数化估计，并提出了在 SO(3) 上的基于锥体可达集的几何控制算法：控制器接收参考的 6D 轨迹（位置和 SO(3)）作为输入，实时调整其目标姿态，优先保证位置跟踪精度，同时使得姿态跟踪误差最小。该算法适用于欠驱动配置和全驱动配置的无缝切换。最后，通过仿真和飞行器的倾转定点悬停及轨迹跟踪实验，验证了飞行器设计和几何控制算法的可行性。

第 7 章　结论与展望

本书主要针对标准多旋翼飞行器在当前应用中凸显出的运动模式单一、机动能力弱及安全性差等问题展开研究，主要通过优化组成飞行器的转子的数量、位置，以及多旋翼飞行器机体的拓扑结构来提升飞行器各方面的性能；建立了一套完整的多旋翼飞行器性能优化流程，为设计新型多旋翼飞行平台提供了新的思路和方向，也为一些新的行业应用提供了可选的开发平台。

本书所取得的研究成果可以总结为以下五个方面：

(1) 基于飞行器力矩可达集，提出了一种通用的可控性评估方法，能够直观地分析标准结构多旋翼和固定转子非共面配置多旋翼飞行器的可控性。基于此方法，系统地分析了标准多旋翼和固定转子非共面配置多旋翼飞行器在有转子失效后，剩余转子重构的可控性。以此得出了设计具备结构容错能力飞行器的必要条件，为优化标准多旋翼飞行器结构提出了理论指导和新方向。

(2) 以倾转结构为飞行器性能优化方向，设计了一种新型的两栖矢量四旋翼飞行器，具备矢量飞行、倾转悬停和地面行驶的功能。矢量飞行能极大地减小飞行器在空中平移运动的空气阻力。倾转悬停功能可以扩展机载探测传感器的视角范围，能够提升飞行器巡检效率，减小巡检盲区。地面行驶功能可以扩展飞行器的可达空间范围，增强飞行器的环境适应能力。

(3) 以倾转结构和转子立体化配置方案为研究对象，设计了一种具备模块化组装能力的多旋翼飞行平台。该平台可以灵活地根据任务需求组装成双旋翼、三旋翼、过驱动四旋翼和全向飞行器。特别地，所装配形成的全向飞行器具备在三维空间内绕任意轴旋转的能力，可以任意姿态悬停并跟踪 6D 轨迹等。

(4) 以转子非共面配置为研究对象，研究了转子倾斜平面对飞行器机动性能的影响。基于优化方法设计了一个过驱动微型八旋翼飞行器。相比于倾转结构设计的过驱动飞行器，固定转子非共面配置结构更加能提升飞行器的响应速度。同时，针对安全飞行问题，设计了"顺势而为"的三维碰撞恢复策略，可以帮助飞行器应对任意方向不明飞行物体的碰撞。同时，针对过驱动多旋翼飞行器执行设备巡检场景，提出了一种 6D 全位姿最小时间轨迹生成算法。

(5) 以结构紧凑、方案简单为目标，设计了一种根据任务需求可以灵活切换到不同转子配置下的同步倾斜转子六旋翼飞行器平台。该平台可以实现位置控制和姿态控制的解耦，能够实现复杂的 6D 轨迹跟踪。同时，针对这种能够产生横向推力的飞行器,提出了一种在 SO(3) 上的基于锥体可达集的几何控制策略,该控制策略适用于在欠驱动配置和过驱动配置之间无缝切换。

上述多旋翼飞行器优化的研究逐层递进、相互关联,对于提升标准多旋翼飞行器的机动能力、开发新型的多旋翼飞行器提供新的方向;针对不同飞行器的特点开发的控制策略进一步丰富了多旋翼飞行器控制的研究。基于作者有限的学识和研究,认为还有如下工作可以在未来进一步研究和探讨:

(1) 在本书有限的研究中,仅考察了多旋翼飞行器在有转子失效后,剩余转子的可重构能力。但是对于具备剩余转子重构能力的多旋翼飞行器,在任意转子失效以后飞行器的姿态控制以及控制分配策略没有做进一步研究。能够适应转子失效的容错控制策略在实际中对提升飞行器的安全性的作用更大。为此,在后续工作中,重点设计容错控制策略以便飞行器在转子失效后仍然能维持飞行器稳定地飞行。

(2) 根据本书的分析,倾转旋翼方案在提升飞行器机动能力的同时能够避免能量损耗,但是飞行器的机动响应速度比较慢。对于倾转旋翼的结论是建立在所有转子的推力相互平行的前提下的。但是在本书中并没有分析具备倾转旋翼的飞行器的转子推力不平行时的情况。以第 4 章中所设计的过驱动四旋翼飞行器为例,四个转子平行时,可以等效为一个标准四旋翼飞行器。此时飞行器的偏航控制能力是很弱的。为了提升飞行器的偏航控制能力,可以通过控制转子推力的方向来产生增加偏航可控力矩的范围。在后续的工作中,可以考虑具备倾转结构的多旋翼飞行器在机动性和能量损耗约束下的控制分配策略,在飞行器执行任务时合理地选择飞行器的转子方向,在提升飞行器机动能力的同时,减小飞行器的能量损耗。

(3) 抗风能力是衡量飞行器在室外飞行能力的指标之一。在本书的研究中,对于飞行器的抗风性能没有做进一步的分析。为此在以后的研究中,可以考虑增加观测器来估算飞行器的扰动,设计鲁棒控制算法来帮助飞行器适应随机的扰动。

(4) 在本书有限的工作中,仅提出了"顺势而为"三维碰撞恢复策略的方法,并通过实验证明了该策略的有效性。但是关于飞行器能够承受的碰撞边界,以及如何通过增加外部传感设备来进一步增强飞行器的抗碰撞能力没有做进一步分析。为此,在后续工作中,可以考虑给飞行器增加外伸的接触传感器来提前判断碰撞的发生,给飞行器的机动提供更多的有效时间,并且可以设计一定的缓冲结构帮助飞行器吸收碰撞能量。

参 考 文 献

[1] 苏杰. 无人机遥感系统的研究进展与应用前景[J]. 中文科技期刊数据库（全文版）工程技术, 2016, (10):00305

[2] 邵瑰玮, 刘壮, 付晶, 等. 架空输电线路无人机巡检技术研究进展[J]. 高电压技术, 2020, 46(1): 14-22

[3] 严玲玲, 闻铖, 王身丽, 等. 基于差分定位的输电线路多旋翼无人机智能巡检研究[J]. 中国设备工程, 2020(2): 192-193

[4] 李继宇, 胡潇丹, 兰玉彬, 等. 基于文献计量学的 2001-2020 全球农用无人机研究进展[J]. 农业工程学报, 2021, 37(9): 328-339

[5] 徐少卿, 宋坚利, 王士林, 等. 多旋翼植保无人飞机水稻飞防中的农药飘移和施药人员暴露[J]. 农药学学报, 2020, 22(6):1085-1093

[6] 游文静, 董超, 吴启晖. 大规模无人机自组网分层体系架构研究综述[J]. 计算机科学, 2020, 47(9): 226-231

[7] 前瞻产业研究院无人机研究小组. 我国无人机行业发展现状与前景分析[J]. 军民两用技术与产品, 2020(7): 10-19

[8] Estrada M A, Mintchev S, Christensen D L, et al. Forceful manipulation with micro air vehicles[J]. Science Robotics, 2018, 3(23): eaau6903

[9] Schuster M J, Brand C, Hirschmüller H, et al. Multi-robot 6D graph SLAM connecting decoupled local reference filters[C]. IEEE/RSJ International Conference on Intelligent Robots and Systems, 2015: 5093-5100

[10] Dan D H, Dan Q. Automatic recognition of surface cracks in bridges based on 2D-APES and mobile machine vision[J]. Measurement, 2021, 168: 108429

[11] Falanga D, Kleber K, Scaramuzza D. Dynamic obstacle avoidance for quadrotors with event cameras[J]. Science Robotics, 2020, 5(40): eaaz9712

[12] Seddon J M, Newman S. Basic Helicopter Aerodynamics[M]. New York: John Wiley & Sons, 2011

[13] Aiping T, Aimin J, Hui Z. From the bamboo-copter to the rotor system of helicopter[J].Mechanics in Engineering, 2016, 38(3): 341-346

[14] 杨浩. 城堡里学无人机：原理、系统与实现[M]. 北京：机械工业出版社, 2017

[15] Wolf W R Jr. VZ-7AP aerial platform research[J]. Final Report, 1960, (8): 132

[16] 大疆发布首款可以"向上看"的无人机[OL]. http://www.cbea.com/wrj/201 702/96806.html.2017-2-27

[17] 张莉, 李国清, 娄兵, 等. 极飞 P20 植保无人机防治稻飞虱田间药效试验[J]. 湖北植保, 2018 (2): 9-10

[18] 汪场. 亿航: 打通"路空一体"大载重空中物流航线构建数字化空中生态体系[J]. 交通建设与管理, 2020, 476(3): 106-109

[19] Mahony R, Kumar V, Corke P. Multirotor aerial vehicles: Modeling, estimation, and control of quadrotor[J]. IEEE Robotics & Automation Magazine, 2012, 19(3): 20-32

[20] Wang Z, She H, Si W. Autonomous landing of multi-rotors UAV with monocular GIMbaled camera on moving vehicle[C]. The 13th IEEE International Conference on Control Automation, 2017: 408-412

[21] Rashad R, Goerres J, Aarts R, et al. Fully actuated multirotor UAVs: A literature review[J]. IEEE Robotics & Automation Magazine, 2020, 27(3): 97-107

[22] Kawasaki K, Motegi Y, Zhao M, et al. Dual connected bi-copter with new wall trace locomotion feasibility that can fly at arbitrary tilt angle[C]. IEEE/RSJ International Conference on Intelligent Robots and Systems, 2015: 524-531

[23] Ryll M, Bülthoff H H, Giordano P R. A novel overactuated quadrotor unmanned aerial vehicle: Modeling, control, and experimental validation[J]. IEEE Transactions on Control Systems Technology, 2015, 23(2): 540-556

[24] Ryll M, Bicego D, Giurato M, et al. FAST-Hex-A morphing hexarotor: Design, mechanical implementation, control and experimental validation[J]. IEEE/ASME Transactions on Mechatronics, 2022, 27(3):1244-1255

[25] Kamel M, Verling S, Elkhatib O, et al. The voliro omniorientational hexacopter: An agile and maneuverable tiltable-rotor aerial vehicle[J]. IEEE Robotics & Automation Magazine, 2018, 25(4): 34-44

[26] Bodie K, Brunner M, Pantic M, et al. Active interaction force control for contact-based inspection with a fully actuated aerial vehicle[J]. IEEE Transactions on Robotics, 2021, 37(3):709-722

[27] Brunner M, Bodie K, Kamel M, et al. Trajectory tracking nonlinear model predictive control for an overactuated MAV[C]. IEEE International Conference on Robotics and Automation, 2020: 5342-5348

[28] Zheng P, Tan X, Kocer B B, et al. TiltDrone: A fully-actuated tilting quadrotor platform[J]. IEEE Robotics and Automation Letters, 2020, 5(4): 6845-6852

[29] Your Workforce in the Sky[EB/OL]. https://www.skygauge.co[2023-5-16]

[30] Chipade V S, Abhishek, Kothari M, et al. Systematic design methodology for development and flight testing of a variable pitch quadrotor biplane VTOL UAV for payload delivery[J]. Mechatronics, 2018, 55: 94-114

[31] Zou Y, Meng Z. Coordinated trajectory tracking of multiple vertical take-off and landing UAVs[J]. Automatica, 2019, 99: 33-40

[32] Tayebi A, McGilvray S. Attitude stabilization of a VTOL quadrotor aircraft[J]. IEEE Transactions on Control Systems Technology, 2006, 14(3): 562-571

[33] Moutinho A, Mateos E, Cunha F. The tilt-quadrotor: Concept, modeling and identification[C]. IEEE International Conference on Autonomous Robot Systems and Competitions, 2015: 156-161

[34] Odelga M, Stegagno P, Bülthoff H H. A fully actuated quadrotor UAV with a propeller tilting mechanism: Modeling and control[C]. IEEE International Conference on Advanced Intelligent Mechatronics, 2016: 306-311

[35] Salazar-Cruz S, Lozano R, Escareno J. Stabilization and nonlinear control for a novel trirotor mini-aircraft[J]. Control Engineering Practice, 2009, 17(8): 886-894

[36] Falanga D, Kleber K, Mintchev S, et al. The foldable drone: A morphing quadrotor that can squeeze and fly[J]. IEEE Robotics and Automation Letters, 2019, 4(2): 209-216

[37] Riviere V, Manecy A, Viollet S. Agile robotic fliers: A morphing-based approach[J]. Soft Robotics, 2018, 5(5): 541-553

[38] Zhao M, Anzai T, Shi F, et al. Design, modeling, and control of an aerial robot DRAGON: A dual-rotor-embedded multilink robot with the ability of multi-degree-of-freedom aerial transformation[J]. IEEE Robotics and Automation Letters, 2018, 3(2):1176-1183

[39] Nguyen H N, Park S, Lee D J. Aerial tool operation system using quadrotors as rotating thrust generators[C]. IEEE/RSJ International Conference on Intelligent Robots and Systems, 2015: 1285-1291

[40] Yu P, Su Y, Gerber M J, et al. An over-actuated multi-rotor aerial vehicle with unconstrained attitude angles and high thrust efficiencies[J]. IEEE Robotics and Automation Letters, 2021, 6(4): 6828-6835

[41] Ryll M, Muscio G, Pierri F, et al. 6D physical interaction with a fully actuated aerial robot[C]. IEEE International Conference on Robotics and Automation, 2017: 5190-5195

[42] Rajappa S, Ryll M, Bülthoff H H, et al. Modeling, control and design optimization for a fully-actuated hexarotor aerial vehicle with tilted propellers[C]. IEEE International Conference on Robotics and Automation, 2015: 4006-4013

[43] Ollero A, Heredia G, Franchi A, et al. The AEROARMS project: Aerial robots with advanced manipulation capabilities for inspection and maintenance[J]. IEEE Robotics & Automation Magazine, 2018, 25(4):12-23

[44] Michieletto G, Ryll M, Franchi A. Fundamental actuation properties of multirotors: Force-moment decoupling and fail-safe robustness[J]. IEEE Transactions on Robotics, 2018, 34(3):702-715

[45] Hamandi M, Sawant K, Tognon M, et al. Omni-Plus-Seven (O_+^7): An omnidirectional aerial prototype with a minimal number of unidirectional thrusters[C]. International Conference on Unmanned Aircraft Systems, 2020: 754-761

[46] Brescianini D, D'Andrea R. An omni-directional multirotor vehicle[J]. Mechatronics, 2018, 55: 76-93

[47] Park S, Lee J, Ahn J, et al. ODAR: Aerial manipulation platform enabling omnidirectional wrench generation[J]. IEEE/ASME Transactions on Mechatronics, 2018, 23(4):1907-1918

[48] Brescianini D, D'Andrea R. Design, modeling and control of an omnidirectional aerial vehicle[C]. IEEE International Conference on Robotics and Automation, 2016: 3261-3266

[49] Park S, Her J, Kim J, et al. Design, modeling and control of omni-directional aerial robot[C]. IEEE/RSJ International Conference on Intelligent Robots and Systems, 2016: 1570-1575

[50] Jiang G, Voyles R, Sebesta K, et al. Estimation and optimization of fully-actuated multirotor platform with nonparallel actuation mechanism[C].

IEEE/RSJ International Conference on Intelligent Robots and Systems, 2017: 6843-6848

[51] Ruggiero F, Lippiello V, Ollero A. Aerial manipulation: A literature review[J]. IEEE Robotics and Automation Letters, 2018, 3(3): 1957-1964

[52] Khamseh H B, Janabi-Sharifi F, Abdessameud A. Aerial manipulation–A literature survey[J]. Robotics and Autonomous Systems, 2018, 107: 221-235

[53] Luo C, Yu L, Ren P. A vision-aided approach to perching a bioinspired unmanned aerial vehicle[J]. IEEE Transactions on Industrial Electronics, 2018, 65(5): 3976-3984

[54] Holda C, Ghalamchi B, Mueller M W. Tilting multicopter rotors for increased power efficiency and yaw authority[C]. International Conference on Unmanned Aircraft Systems, 2018: 143-148

[55] Goldstein H, Twersky V. Classical mechanics[J]. Physics Today, 1952, 5(9):19-20

[56] Gallot S, Hulin D, Lafontaine J. Riemannian Geometry[M]. Berlin: Springer, 1990

[57] Lee T. Global exponential attitude tracking controls on SO(3)[J]. IEEE Transactions on Automatic Control, 2015, 60(10): 2837-2842

[58] Hardy A S. Elements of Quaternions[M]. London: Wentworth Press, 2019

[59] Zhang F Z. Quaternions and matrices of quaternions[J]. Linear Algebra and Its Applications, 1997, 251: 21-57

[60] Yu Y, Yang S, Wang M, et al. High performance full attitude control of a quadrotor on SO(3)[C]. IEEE International Conference on Robotics and Automation, 2015: 1698-1703

[61] Roza A, Maggiore M. A class of position controllers for underactuated VTOL vehicles[J]. IEEE Transactions on Automatic Control, 2014, 59(9): 2580-2585

[62] Naldi R, Furci M, Sanfelice R G, et al. Global trajectory tracking for underactuated VTOL aerial vehicles using a cascade control paradigm[C]. The 52nd IEEE Conference on Decision and Control, 2013: 4212-4217

[63] Farid G, Hongwei M, Ali S M, et al. A review on linear and nonlinear control techniques for position and attitude control of a quadrotor[J]. Control and Intelligent Systems, 2017, 45(1): 43-57

[64] Zhang Y, Song K, Yi J, et al. Absolute attitude estimation of rigid body on moving platform using only two gyroscopes and relative measurements[J]. IEEE/ASME Transactions on Mechatronics, 2018, 23(3):1350-1361

[65] Mahmoud O E, Roman M R, Nasry J F. Linear and nonlinear stabilizing control of quadrotor UAV[C]. International Conference on Engineering and Technology, 2014: 1-8

[66] Zhong R, Zhu Z H. Attitude stabilization of tug-towed space target by thrust regulation in orbital transfer[J]. IEEE/ASME Transactions on Mechatronics, 2019, 24(1): 373-383

[67] Dhewa O A, Dharmawan A, Priyambodo T K. Model of linear quadratic regulator (LQR) control method in hovering state of quadrotor[J]. Journal of Telecommunication, Electronic and Computer Engineering, 2017, 9(3): 135-143

[68] Bouabdallah S, Noth A, Siegwart R. PID vs LQ control techniques applied to an indoor micro quadrotor[C]. IEEE/RSJ International Conference on Intelligent Robots and Systems (IROS), 2004, 3: 2451-2456

[69] Cowling I D, Yakimenko O A, Whidborne J F, et al. A prototype of an autonomous controller for a quadrotor UAV[C]. European Control Conference, 2007: 4001-4008

[70] Minh L D, Ha C. Modeling and control of quadrotor MAV using vision-based measurement[C]. International Forum on Strategic Technology 2010, 2010: 70-75

[71] Cowling I D, Whidborne J F, Cooke A K. Optimal trajectory planning and LQR control for a quadrotor UAV[C]. International Conference on Control, 2006: 1-6

[72] Palunko I, Fierro R. Adaptive control of a quadrotor with dynamic changes in the center of gravity[J]. IFAC Proceedings Volumes, 2011, 44(1): 2626-2631

[73] Xu R, Ozguner U. Sliding mode control of a quadrotor helicopter[C]. Proceedings of the 45th IEEE Conference on Decision and Control, 2006: 4957-4962

[74] Runcharoon K, Srichatrapimuk V. Sliding mode control of quadrotor[C]. The International Conference on Technological Advances in Electrical, Electronics and Computer Engineering, 2013: 552-557

[75] Voos H. Nonlinear control of a quadrotor micro-UAV using feedback-linearization[C]. IEEE International Conference on Mechatronics, 2009: 1-6

[76] Benallegue A, Mokhtari A, Fridman L. Feedback linearization and high order sliding mode observer for a quadrotor UAV[C]. International Workshop on Variable Structure Systems, 2006: 365-372

[77] Fang Z, Zhi Z, Jun L, et al. Feedback linearization and continuous sliding mode control for a quadrotor UAV[C]. The 27th Chinese Control Conference, 2008: 349-353

[78] Madani T, Benallegue A. Backstepping control for a quadrotor helicopter[C]. IEEE/RSJ International Conference on Intelligent Robots and Systems, 2006: 3255-3260

[79] Fang Z, Gao W. Adaptive backstepping control of an indoor micro-quadrotor[J]. Research Journal of Applied Sciences, Engineering and Technology, 2012, 4(21): 4216-4226

[80] Diao C, Xian B, Yin Q, et al. A nonlinear adaptive control approach for quadrotor UAVs[C]. The 8th Asian Control Conference, 2011: 223-228

[81] Avram R C, Zhang X, Muse J. Nonlinear adaptive fault-tolerant quadrotor altitude and attitude tracking with multiple actuator faults[J]. IEEE Transactions on Control Systems Technology, 2018, 26(2): 701-707

[82] Nicol C, Macnab C J B, Ramirez-Serrano A. Robust adaptive control of a quadrotor helicopter[J]. Mechatronics, 2011, 21(6): 927-938

[83] Bai Y, Liu H, Shi Z, et al. Robust control of quadrotor unmanned air vehicles[C]. Proceedings of the 31st Chinese Control Conference, 2012: 4462-4467

[84] Zeghlache S, Saigaa D, Kara K, et al. Backstepping sliding mode controller improved with fuzzy logic: Application to the quadrotor helicopter[J]. Archives of Control Sciences, 2012, 22(3): 315-342

[85] Madani T, Benallegue A. Adaptive control via backstepping technique and neural networks of a quadrotor helicopter[J]. IFAC Proceedings Volumes, 2008, 41(2): 6513-6518

[86] Guenard N, Hamel T, Moreau V. Dynamic modeling and intuitive control strategy for an "X4-flyer"[C]. International Conference on Control and Automation, 2005, 1: 141-146

[87] Shen Q, Yue C, Goh C H, et al. Rigid-body attitude tracking control under actuator faults and angular velocity constraints[J]. IEEE/ASME Transactions on Mechatronics, 2018, 23(3):1338-1349

[88] Bustan D, Hosseini Sani S K, Pariz N. Adaptive fault-tolerant spacecraft attitude control design with transient response control[J]. IEEE/ASME Transactions on Mechatronics, 2014, 19(4):1404-1411

[89] Mayhew C G, Sanfelice R G, Teel A R. On quaternion-based attitude control and the unwinding phenomenon[C]. Proceedings of the 2011 American Control Conference, 2011: 299-304

[90] Liu H, Wang X, Zhong Y. Quaternion-based robust attitude control for uncertain robotic quadrotors[J]. IEEE Transactions on Industrial Informatics, 2015, 11(2): 406-415

[91] Xian B, Diao C, Zhao B, et al. Nonlinear robust output feedback tracking control of a quadrotor UAV using quaternion representation[J]. Nonlinear Dynamics, 2015, 79(4): 2735-2752

[92] Brescianini D, D′ Andrea R. Tilt-prioritized quadrocopter attitude control[J]. IEEE Transactions on Control Systems Technology, 2020, 28(2): 376-387

[93] Maithripala D H S, Berg J M, Dayawansa W P. Almost-global tracking of simple mechanical systems on a general class of Lie groups[J]. IEEE Transactions on Automatic Control, 2006, 51(2): 216-225

[94] Goodarzi F A, Lee D, Lee T. Geometric adaptive tracking control of a quadrotor unmanned aerial vehicle on SE(3) for agile maneuvers[J]. Journal of Dynamic Systems, Measurement, and Control, 2015, 137(9): 091007

[95] Zou A M, Dev Kumar K, Hou Z G. Quaternion-based adaptive output feedback attitude control of spacecraft using Chebyshev neural networks[J]. IEEE Transactions on Neural Networks, 2010, 21(9):1457-1471

[96] Lee T. Exponential stability of an attitude tracking control system on SO(3) for large-angle rotational maneuvers[J]. Systems & Control Letters, 2012, 61(1): 231-237

[97] Bullo F, Murray R M. Proportional derivative (PD) control on the Euclidean group[C]. Proceedings of the European Control Conference, 1995: 1091-1097

[98] Lee T. Robust adaptive attitude tracking on SO(3) with an application to a quadrotor UAV[J]. IEEE Transactions on Control Systems Technology, 2013, 21(5):1924-1930

[99] Mellinger D, Kumar V. Minimum snap trajectory generation and control for quadrotors[C]. IEEE International Conference on Robotics and Automation, 2011: 2520-2525

[100] Mellinger D, Kushleyev A, Kumar V. Mixed-integer quadratic program trajectory generation for heterogeneous quadrotor teams[C]. IEEE International Conference on Robotics and Automation, 2012: 477-483

[101] Richter C, Bry A, Roy N. Polynomial trajectory planning for aggressive quadrotor flight in dense indoor environments[C]. The 16th International Symposium ISRR, 2016: 649-666

[102] Tang S, Kumar V. Mixed integer quadratic program trajectory generation for a quadrotor with a cable-suspended payload[C]. IEEE International Conference on Robotics and Automation, 2015: 2216-2222

[103] Chen J, Liu T, Shen S. Online generation of collision-free trajectories for quadrotor flight in unknown cluttered environments[C]. IEEE International Conference on Robotics and Automation, 2016: 1476-1483

[104] Gao F, Shen S. Online quadrotor trajectory generation and autonomous navigation on point clouds[C]. IEEE International Symposium on Safety, Security, and Rescue Robotics, 2016: 139-146

[105] Liu S, Watterson M, Mohta K, et al. Planning dynamically feasible trajectories for quadrotors using safe flight corridors in 3-D complex environments[J]. IEEE Robotics and Automation Letters, 2017, 2(3): 1688-1695

[106] Gao F, Shen S. Quadrotor trajectory generation in dynamic environments using semidefinite relaxation on nonconvex QCQP[C]. IEEE International Conference on Robotics and Automation, 2017: 6354-6361

[107] Gao F, Wu W, Lin Y, et al. Online safe trajectory generation for quadrotors using fast marching method and bernstein basis polynomial[C]. IEEE International Conference on Robotics and Automation, 2018: 344-351

[108] Oleynikova H, Burri M, Taylor Z, et al. Continuous-time trajectory optimization for online UAV replanning[C]. IEEE/RSJ International Conference on Intelligent Robots and Systems (IROS), 2016: 5332-5339

[109] Usenko V, von Stumberg L, Pangercic A, et al. Real-time trajectory replanning for MAVs using uniform B-splines and a 3D circular buffer[C]. IEEE/RSJ International Conference on Intelligent Robots and Systems, 2017: 215-222

[110] Gao F, Lin Y, Shen S. Gradient-based online safe trajectory generation for quadrotor flight in complex environments[C]. IEEE/RSJ International Conference on Intelligent Robots and Systems, 2017: 3681-3688

[111] Zhou B, Gao F, Wang L, et al. Robust and efficient quadrotor trajectory generation for fast autonomous flight[J]. IEEE Robotics and Automation Letters, 2019, 4(4): 3529-3536

[112] Zhou B, Pan J, Gao F, et al. RAPTOR: Robust and perception-aware trajectory replanning for quadrotor fast flight[J]. IEEE Transactions on Robotics, 2021, 37(6): 1992-2009

[113] Gao F, Wu W, Pan J, et al. Optimal time allocation for quadrotor trajectory generation[C]. IEEE/RSJ International Conference on Intelligent Robots and Systems, 2018: 4715-4722

[114] Liu S, Atanasov N, Mohta K, et al. Search-based motion planning for quadrotors using linear quadratic minimum time control[C]. IEEE/RSJ International Conference on Intelligent Robots and Systems, 2017: 2872-2879

[115] Merchant M, Miller L S. Propeller performance measurement for low reynolds number UAV applications[C]. The 44th AIAA Aerospace Sciences Meeting and Exhibit, 2006: 1127

[116] T-MOTOR. https://store. tmotor. com/goods. php? id=774[2023-6-10]

[117] Stingu E, Lewis F. Design and implementation of a structured flight controller for a 6D oF quadrotor using quaternions[C]. The 17th Mediterranean Conference on Control and Automation, 2009: 1233-1238

[118] Kalman R E. On the general theory of control systems[C]. Proceedings 1st International Conference on Automatic Control, 1960: 481-492

[119] Sun S, Sijbers L, Wang X, et al. High-speed flight of quadrotor despite loss of single rotor[J]. IEEE Robotics and Automation Letters, 2018, 3(4): 3201-3207

[120] Faessler M, Franchi A, Scaramuzza D. Differential flatness of quadrotor dynamics subject to rotor drag for accurate tracking of high-speed trajectories[J]. IEEE Robotics and Automation Letters, 2018, 3(2): 620-626

[121] Du G X, Quan Q, Yang B, et al. Controllability analysis for multirotor helicopter rotor degradation and failure[J]. Journal of Guidance, Control, and Dynamics, 2015, 38(5): 978-985

[122] Theys B, Dimitriadis G, Hendrick P, et al. Influence of propeller configuration on propulsion system efficiency of multi-rotor unmanned aerial vehicles[C]. International Conference on Unmanned Aircraft Systems, 2016: 195-201

[123] 王军杰, 俞志明, 陈仁良, 等. 倾转四旋翼飞行器垂直飞行状态气动特性[J]. 航空动力学报, 2021, 36(2): 249-263

[124] 王策, 唐正飞, 徐培, 等. 四旋翼无人机流场及气动干扰数值模拟研究[J]. 飞行力学, 2018, 36(4): 83-87

[125] Page J R, Pounds P E I. The quadroller: Modeling of a UAV/UGV hybrid quadrotor[C]. IEEE/RSJ International Conference on Intelligent Robots and Systems, 2014: 4834-4841

[126] Yamada M, Nakao M, Hada Y, et al. Development and field test of novel two-wheeled UAV for bridge inspections[C]. International Conference on Unmanned Aircraft Systems, 2017: 1014-1021

[127] Kalantari A, Spenko M. Design and experimental validation of HyTAQ, a hybrid terrestrial and aerial quadrotor[C]. IEEE International Conference on Robotics and Automation, 2013: 4445-4450

[128] Hang K, Lyu X, Song H, et al. Perching and resting–A paradigm for UAV maneuvering with modularized landing gears[J]. Science Robotics, 2019, 4(28): eaau6637

[129] Kalantari A, Mahajan K, Ruffatto D, et al. Autonomous perching and take-off on vertical walls for a quadrotor micro air vehicle[C]. IEEE International Conference on Robotics and Automation, 2015: 4669-4674

[130] Chaturvedi N A, Sanyal A K, McClamroch N H. Rigid-body attitude control[J]. IEEE Control Systems Magazine, 2011, 31(3): 30-51

[131] Lee T, Leok M, McClamroch N H. Time optimal attitude control for a rigid body[C]. American Control Conference, 2008: 5210-5215

[132] Iscold P, Pereira G A S, Torres L A B. Development of a hand-launched small UAV for ground reconnaissance[J]. IEEE Transactions on Aerospace and Electronic Systems, 2010, 46(1): 335-348

[133] Lal R, Sharda A, Prabhakar P. Optimal multi-robot path planning for pesticide spraying in agricultural fields[C]. The 56th Annual Conference on Decision and Control, 2017: 5815-5820

[134] Oung R, D'Andrea R. The distributed flight array: Design, implementation, and analysis of a modular vertical take-off and landing vehicle[J]. The International Journal of Robotics Research, 2014, 33(3): 375-400

[135] Shi F, Zhao M, Murooka M, et al. Aerial regrasping: Pivoting with transformable multilink aerial robot[C]. IEEE International Conference on Robotics and Automation, 2020: 200-207

[136] Shi F, Zhao M, Anzai T, et al. External wrench estimation for multilink aerial robot by center of mass estimator based on distributed IMU system[C]. International Conference on Robotics and Automation, 2019: 1891-1897

[137] Naldi R, Forte F, Serrani A, et al. Modeling and control of a class of modular aerial robots combining under actuated and fully actuated behavior[J]. IEEE Transactions on Control Systems Technology, 2015, 23(5):1869-1885

[138] Nguyen H N, Park S, Park J, et al. A novel robotic platform for aerial manipulation using quadrotors as rotating thrust generators[J]. IEEE Transactions on Robotics, 2018, 34(2): 353-369

[139] Yoo D W, Oh H D, Won D Y, et al. Dynamic modeling and stabilization techniques for tri-rotor unmanned aerial vehicles[J]. International Journal of Aeronautical and Space Sciences, 2010, 11(3):167-174

[140] Aravind P K. A comment on the moment of inertia of symmetrical solids[J]. American Journal of Physics, 1992, 60(8): 754-755

[141] Dickerson A K, Shankles P G, Madhavan N M, et al. Mosquitoes survive raindrop collisions by virtue of their low mass[J]. Proceedings of the National Academy of Sciences, 2012, 109(25): 9822-9827

[142] Verscheure D, Demeulenaere B, Swevers J, et al. Time-optimal path tracking for robots: A convex optimization approach[J]. IEEE Transactions on Automatic Control, 2009, 54(10): 2318-2327

[143] Sun F J, Wang X C, Zhang R. A new optimization method application to agricultural plant protection UAV scheduling[C]. The 6th International Conference on Information Science and Control Engineering, 2019: 80-84

[144] Vasyliev V M, Rogozhyn V O, Dolintse B I. Integration of inertial and satellite navigation systems using corrective circuits for UAV[C]. IEEE International Conference Actual Problems of Unmanned Aerial Vehicles Developments, 2015: 193-197

[145] Ji P, Cheng L, Jia Y, et al. Application of UAV photogrammetry technology in airport project[J]. IOP Conference Series: Earth and Environmental Science, 2020, 565(1):012029

[146] Patrona F, Mademlis I, Tefas A, et al. Computational UAV cinematography for intelligent shooting based on semantic visual analysis[C]. IEEE International Conference on Image Processing, 2019: 4155-4159

[147] Wang Y, Bai P, Liang X, et al. Reconnaissance mission conducted by UAV swarms based on distributed PSO path planning algorithms[J]. IEEE Access, 2019, 7:105086-105099

[148] Ryll M, Muscio G, Pierri F, et al. 6D interaction control with aerial robots: The flying end-effector paradigm[J]. The International Journal of Robotics Research, 2019, 38(9):1045-1062

[149] Bodie K, Brunner M, Pantic M, et al. An omnidirectional aerial manipulation platform for contact-based inspection[C]. Proceedings of Robotics: Science and Systems, 2019: 1-9

[150] Bodie K, Tognon M, Siegwart R. Dynamic end effector tracking with an omnidirectional parallel aerial manipulator[J]. IEEE Robotics and Automation Letters, 2021, 6(4): 8165-8172

[151] Fumagalli M, Naldi R, Macchelli A, et al. Developing an aerial manipulator prototype: Physical interaction with the environment[J]. IEEE Robotics & Automation Magazine, 2014, 21(3): 41-50

[152] Pounds P, Mahony R, Corke P. Modelling and control of a large quadrotor robot[J]. Control Engineering Practice, 2010, 18(7): 691-699

[153] Kaufman E, Caldwell K, Lee D, et al. Design and development of a free-floating hexrotor UAV for 6-DOF maneuvers[C]. IEEE Aerospace Conference, 2014: 1-10

[154] Kotarski D, Piljek P, Brezak H, et al. Design of a fully actuated passively tilted multirotor UAV with decoupling control system[C]. The 8th International Conference on Mechanical and Aerospace Engineering, 2017: 385-390

[155] Wang S, Ma L, Li B, et al. Architecture design and flight control of a novel octopus shaped multirotor vehicle[J]. IEEE Robotics and Automation Letters, 2021, 7(1): 311-317

[156] Zhou H, Li B, Wang D, et al. Design, modeling and control of a novel over-actuated hexacopter with tiltable rotors[C]. The 16th Conference on Industrial Electronics and Applications, 2021: 1079-1084

[157] Iizuka K, Uzuhashi H, Kano M, et al. Microcomputer control for sensorless brushless motor[J]. IEEE Transactions on Industry Applications, 1985, (3): 595-601

[158] Morbidi F, Bicego D, Ryll M, et al. Energy-efficient trajectory generation for a hexarotor with dual-tilting propellers[C]. IEEE/RSJ International Conference on Intelligent Robots and Systems, 2018: 6226-6232

[159] Ryll M, Bicego D, Franchi A. Modeling and control of FAST-Hex: A fully-actuated by synchronized-tilting hexarotor[C]. IEEE/RSJ International Conference on Intelligent Robots and Systems, 2016: 1689-1694

[160] Lee T, Leok M, McClamroch N H. Geometric tracking control of a quadrotor UAV on SE(3)[C]. The 49th IEEE Conference on Decision and Control, 2010: 5420-5425

[161] Goodarzi F, Lee D, Lee T. Geometric nonlinear PID control of a quadrotor UAV on SE(3)[C]. European Control Conference, 2013: 3845-3850